Roald Amundsen

dargestellt von Detlef Brennecke

Rowohlt

rowohlts monographien begründet von Kurt Kusenberg
herausgegeben von Wolfgang Müller

Redaktion: Uwe Naumann
Redaktionsassistenz: Katrin Finkemeier
Umschlaggestaltung: Walter Hellmann
Vorderseite: Roald Amundsen am 14. Mai 1926 in Teller, Alaska
(Aus: R. Amundsen – L. Ellsworth: Den første flukt over
Polhavet, Oslo 1926)
Rückseite: (von links) Oscar Wisting, Olav Bjaaland, Sverre Hassel
und Roald Amundsen am 14. Dezember 1911 am Südpol
(Aus: R. Amundsen: Die Eroberung des Südpols II, München 1912)

Für Bernd Jungmann

Originalausgabe
Veröffentlicht im Rowohlt Taschenbuch Verlag GmbH,
Reinbek bei Hamburg, März 1995

Satz Times PostScript Linotype Library, Quark XPress 3.3
Gesamtherstellung Clausen & Bosse, Leck
Printed in Germany
1290-ISBN 3 499 50518 5

Inhalt

Mythos oder Historie? 7
«Norwegisch Seevolk» 9
Von Unterdrückung und Befreiung 15
Die Nordwestpassage 25
«Terra australis incognita»
oder: Eine kleine Vorgeschichte der Erforschung der Antarktis 34
Abfahrt zum Nordpol… 42
…Ankunft am Südpol 51
Scheitelhöhe 62
«débâcle», *krise*, «misfortune» und «Fehlschlag» 69
«My Isle of Golden Dreams» 79
«Das erste ist die Lust an Kampf und Ruhm»
oder: Eine kleine Vorgeschichte der Erforschung der Arktis 89
Die Nordpolfahrt 98
Der Misanthrop (Eher wohl ein Trauerspiel) 107
Dort möchte ich einmal sterben 115
Historie und Mythos 122

Anmerkungen 126
Zeittafel 140
Zeugnisse 143
Bibliographie 146
Namenregister 156
Danksagung 159
Über den Autor 159
Quellennachweis der Abbildungen 160

Mythos oder Historie?

Hat Roald Amundsen gelebt?

Ist folglich das, was uns in Zeitungsartikeln, in Essays und Memoiren von diesem Menschen überliefert wird, Historie? Oder ist all das, was auch in Gedichten, in Bühnenstücken und Erzählungen von diesem Mann berichtet wird, ein Mythos? Hat Roald Amundsen deshalb kein Grab?

An wen erinnern die Standbilder in Tromsö[1], Tönsberg und Svartskog, die Bautasteine in Borge und auf Spitzbergen sowie die Pyramide auf der King-William-Insel? Markieren sie Gedenkstätten für ein Geschöpf der Zeitgeschichte oder für einen Heros unsrer Phantasie?

Von wem ist denn die Rede, wenn Belbo in Umberto Ecos Buch «Das Foucaultsche Pendel» am Telefon fragt: «Was ist los? Von wo rufen Sie an? Ich dachte schon, Sie wären am Nordpol verschollen, mit Amundsen...»[2] Wen bezeichnet «dieser Name Amundsen»[3], der 1927 in einer von Stefan Zweigs historischen Miniaturen erscheint? Und warum wird dieser Name in Lion Feuchtwangers Amundsen-Porträt «Polfahrt» 1946 nicht ein einziges Mal ausgesprochen, sondern durchweg von Fürwörtern vertreten? «Skrupellos in Gelddingen, errafft er sich die Mittel für eine erste selbständige Expedition. Quert das Nordmeer auf bisher nie vollendeter Strecke. Erzwingt mit den Mühen dreier Jahre die nordwestliche Durchfahrt, ein Unternehmen, an dem vor ihm jeder gescheitert ist. Alle Welt rühmt das Vollbrachte. Er selber am meisten.»[4] Vermochte er aus diesem Grund 1987, in einem Drama von Manfred Karge als der tegtmeiernde Arbeitslose Slupianek fröhliche Urständ zu feiern? «Also, wir tun jetzt Butter bei die Fische. Die Eroberung des Südpols durch die Helden aus Herne. Als erste Maßnahme sehen wir, wie ich, Roald Amundsen, aus einem altersschwachen Elch meinen Kampfgefährten im ewigen Eis, den Herrn Olaf Bjaaland, mache. Ran an die Bouletten.»[5]

Zupackend war der Norweger und ein guter Koch – das heben seine Biographen übereinstimmend hervor. Und dann nennen sie gewöhnlich immer dieselben Daten: die Geburt am 16. Juli 1872, seine erste Begegnung mit der Antarktis im Jahre 1898, seine Erkundung der Nordwestpassage von 1903 bis 1906, seinen Vorstoß zum Südpol am 14. Dezember 1911, seine Erforschung der Nordostpassage von 1918 bis 1921, seine

Überfliegung des Nordpols mit einem Luftschiff im Jahre 1926 und schließlich das spurlose Verschwinden am 18. Juni 1928, als er den verunglückten Umberto Nobile retten wollte.

Nackte Fakten, Ortsangaben, Zahlen hätten Rüstwerk einer Vita werden können, in der sich die Realität Roald Amundsens vermittelt – indessen mündet noch eine so nüchterne Analyse wie die Roland Huntfords in die Feststellung, Amundsens Laufbahn lese sich «wie ein Roman»[6].

In der Tat: verkündete nicht das Schiff, auf dem er seinem strahlendsten Triumph entgegenfuhr, die «Fram» – die mithin «Vorwärts» hieß – dieselbe Losung wie die «Forward» in Jules Vernes «Abenteuer des Kapitän Hatteras»[7]? Und hielt der Protagonist dieser Fiktion nicht seine Crew über das eigentliche Ziel der Reise ebenso im Ungewissen wie Roald Amundsen 1910 seine Leute? Ferner: galten beide, Amundsen und Hatteras, nicht am Ende ihrer Tage vor der Umwelt als verwirrt? Ja, was das Seltsamste ist: verlor sich dieser nicht wie jener irgendwann nordwärts im Dunkeln …?

Angesichts der Unauffindbarkeit von Roald Amundsen prophezeite Odd Arnesen der heimischen Jugend: «Sein Ruf wird zum Mythos werden.»[8] Und die Weissagung erfüllte sich allgemein. Wen wundert es da, daß es bis heute keine kritische Sammlung seiner Arbeiten gibt, keine Anthologie seiner Kleinen Schriften, keinen Band mit seinen Vorträgen und Reden, keine Edition seiner Briefe, keine umfassende Würdigung seines Daseins – jedoch Aberhunderte von Gedächtnisstrophen auf den Entdecker?

«Ein Name geht von Land zu Land,
und wird dort Mann auf Mann bekannt.
    Aus Trauerklang,
    aus Sehnsuchtsang,
ein Lied, ein Lied: es war einmal –

Es steht ein Grabstein in Schnee und Eis
errichtet droben mit Nordmannsfleiß.
    Aus Tatenklang,
    aus Kämpfersang,
ein Lied, ein Lied: es war einmal –

Seither die Saga, die er gelebt hat,
in unsern Herzen stets fortgebebt hat.
    Aus Mythenklang,
    aus Traumgesang,
ein Lied, ein Lied: es war einmal –.»[9]

Aber ist nicht Mythos immer auch ein Gleichnisbild der Wirklichkeit – und beginnt zum Zeichen dessen nicht jede kunstgerechte Saga mit der Genealogie?

«Norwegisch Seevolk»

Es war ein Mann, der hieß Niels Michelsön. Er wurde 1644 geboren und floh, nachdem die Schweden seine Heimatprovinz Bohuslän 1658 in Besitz genommen hatten, über die nahe Grenze ins norwegische Mutterland. Dort siedelte er sich am südlichen Ostufer des Kristianiafjordes[10] auf Asmalöy, einer der Hvaler-Inseln, an. Als er vierundzwanzig Jahre alt war, heiratete er die Tochter des reichsten Grundherrn der Umgebung und erwarb mit dessen finanzieller Unterstützung das karge Gut Huser. Seither trug er den Namen Niels Huser. Und weil sich zu ihm kein Ahne mehr aufspüren läßt und seiner Ehe die Amundsens entwuchsen, gilt er in den Chroniken als Urvater der Familie. Er wirtschaftete schlecht und recht und hatte doch durch Fischerei und Fährdienste gelegentlich ein Zubrot, bis er 1689 – welch Omen für das Schicksal des prominentesten seiner Nachkommen! – während eines Unwetters im Meer ertrank. Freilich hielt dieses Ende seine Kinder und Kindeskinder nicht davon ab, ebenfalls hinauszufahren.

Hans Nielsen, der dritte Sproß Niels Husers, reiste schon nach Spanien, indes sein älterer Bruder, Johannes, auf den Gewässern um Hvaler als Lotse arbeitete. Es mag sein Gefühl für Vorausschau und Sicherheit gewesen sein, das ihn dazu brachte, sich – unvermögend, wie er war – gleich seinem Vater mit einer wohlhabenden Frau zu vermählen. Und da ihm dies sein Sohn, Ole Johannessen, und sein Enkel, Ole Olsen, nachtaten, hatte sich schließlich ein solides Erbe angesammelt, als mit Amund Olsen 1757 die fünfte Generation dieses Stemmas angeführt wurde – eines Stammbaums, auf dem wir von jetzt an überall Seeleute finden: Skipper, Reeder, Schiffbauer.

Ihr Bahnbrecher war jener Amund, der mit Wagemut und Zielbewußtsein zwischen 1791 und 1801 auf seinem Schoner «St. Anna» nach England, Frankreich und Portugal sowie ins Mittelmeer segelte und einen Handel trieb, der ihn in der Kleinstadt Fredrikshald – auf dem Festland nicht weit vom Hvaler Archipel gelegen, dem heutigen Halden – mit Geld und Würden überhäufte. Er schmückte sich mit dem Titel «Signeur»[11]. Und daß er sich darüber hinaus in Kirstine Larsdatter Schoug Engebretsen mit einer Lebensgefährtin verbunden hatte, die in einem arrivierten

Seemanns-Clan wurzelte, gehörte in seiner frivolen Berechnung unterdessen zur Familientradition. Wie geschäftstüchtig ferner Amund Olsen war und welch florierende Konjunktur seinerzeit in Norwegen herrschte, zeigt die Tatsache, daß er 1795 in Fredrikshald ein Haus für 1478 Reichstaler kaufte und dieses fünf Jahre später für 2500 Reichstaler an die Kommune weitergab. Die «St. Anna», die er 1791 für 990 Reichstaler übernommen hatte, stieß er 1801 für 3100 Reichstaler ab. Als er 1835 starb, hinterließ er ein immenses Kapital – und seinen Namen, denn hernach nannten sich alle, die seinem Geschlecht angehörten, Amundsen.

«Amundsen» wurde identisch mit einer maritimen Disposition, weshalb von Ole Amundsen, Olsens Ältestem, auch zu lesen steht, daß er «mit Salzwasser im Blut zur Welt gekommen»[12] sei. Bereits mit sechzehn Jahren heuerte er als Steuermann auf der «Birgitte Marie» an. Müßig zu erwähnen, daß die Mutter seiner Kinder eine Kapitänstochter war. Und überflüssig noch hinzuzusetzen, daß sie eine beachtliche Mitgift eingebracht hatte. Unnötig obendrein festzuhalten, daß ihre Söhne samt und sonders Schiffsführer wurden. In einem Billett vom 4. Juli 1847 schrieb Ole Amundsen an seine Erstgeborene, Anne Helene: «Alle Deine Brüder sind jetzt, jeder in seiner Kante, fort. Petter und Johannes in Dänemark, Amund in der Ostsee, Jens ist vor kurzem von Göteborg nach Frankreich ausgelaufen, und Carl wird aus England in Göteborg zurückerwartet; sommers sehen wir selten einen von ihnen.»[13] Statt dessen, kann man ergänzen, begegneten sich die Brüder oft auf fremden Anlegeplätzen, wo ihre Barken und Briggs vor Anker gegangen waren. Sie hatten eine Reederei gegründet und besaßen jeweils einzeln oder gemeinsam oder zusammen mit dem Mann ihrer Schwester Anne Helene dreißig Kauffahrteischiffe – das größte Kontingent im Landkreis Sarpsborg. In der Nähe zum Sarpsborger Hafen, rund zwanzig Kilometer nordwestlich von Fredrikshald, am Sannesund, hatten Petter, Amund, Jens und Carl Amundsen mit ihrem Schwager das Anwesen Hvidsten akquiriert, es geteilt und auf jeder Parzelle einen Hof für ihre Familien errichtet. Hier wohnten sie in harmonischer Eintracht; und von hier fuhren die Eigner hinaus, ihre Waren in Saloniki oder Marseille, Dublin oder Narva umzuschlagen.

Papiere sind erhalten, die zwischen den Männern und ihren Lieben daheim hin- und hergewechselt wurden: Dokumente zuweilen des nüchternen Profitstrebens – meist jedoch der rührenden Verbundenheit. «Wir sind», vermeldete die einzige Tochter Petter Amundsens, Amunda, am 10. Mai 1867 ihrem Vater nach London, «zu Besuch in Tune gewesen. [...] Onkel Amund hat Gicht, der Tony von Onkel Jens hat Husten, aber Großpapa Ole Amundsen ist gesund und wie eh und je wohlauf. Bitte schicke Gustavas Zeilen zu Jens nach Schweden hinüber; er ist dahin unterwegs.»[14] Daß in Tune in jenen Tagen zum erstenmal ein Wikingerschiff ausgegraben wurde – ein Relikt, das die ganze Nation begeistern sollte –, erwähnte die immerhin Zweiunddreißigjährige nicht. Das war

Der Sannesund – im Hintergrund liegt das Anwesen Hvidsten mit den Höfen der Amundsen-Brüder

zum einen zwar bezeichnend, weil sich die Amundsens kaum für Dinge aufgeschlossen zeigten, die außerhalb ihrer Neigungen lagen, zum anderen jedoch erstaunlich, weil das Tune-Schiff diesen Belangen historische Bestätigung verlieh. Es war das Symbol altväterlichen Tatendrangs – einstiger Freiheit und Macht. Als Björnstjerne Björnson das erkannte und im Jahr darauf sein «Norwegisches Seemannslied» mit den Versen begann:

«Norwegisch Seevolk ist
Ein derber Schlag voll Kraft und List,
Wo Schiffszeug schwimmen kann,
Da ist es vorne dran»[15]

und als Friedrich August Reissiger dies bald darauf allegretto commodo vertonte[16], werden sie bewegt mitgesungen haben. Die Frage ist lediglich, ob sie den Ton richtig trafen: ob sie begriffen hatten, daß diese Weise ein Beitrag dazu war, Norwegen aus der ihm 1814 oktroyierten Zwangsunion mit Schweden zu erlösen, oder ob sie das Ganze nicht eher für einen Hymnus auf die Cleverness von ihresgleichen hielten:

«Wo Schiffszeug schwimmen kann,
Da ist es vorne dran.»

Das gilt besonders für den 1820 geborenen Jens Engebreth Amundsen, der unter seinen Brüdern der energischste war. Derweil sie auf allen Fotos mit geschwellter Brust zu freundlichen Porträts erstarrten, ließ er sich

Jens Engebreth
Amundsen

auf seiner Hochzeitsreise in voller Größe ablichten: die Rechte als Faust in die Seite gestemmt, einen Stuhl mit der andern fest im Griff, den linken Fuß voransetzend – das Abbild eines Draufgängers! Allein die Wahl seiner Frau unterstrich, daß er eigene Wege betrat. Denn sie entstammte keiner Seefahrersippe.

Hanna Henrikke Gustava Sahlqvist, gut sechzehn Jahre jünger als ihr Mann, war die Tochter des Verwaltungsbeamten Gustav Sahlqvist, dessen Väter Uhrmacher und Gerber waren. Und es fügte sich zur Bodenständigkeit solcher Gewerbe, daß der Ahnherr ihrer Linie, Gustavus Sahlqvist, zwar – wie damals Niels Michelsön – aus Bohuslän emigriert war, indessen diesen Schritt erst vollzogen hatte, nachdem die Provinz zwei Menschenalter lang von den Schweden vereinnahmt worden war. Die Sahlqvists brauchten weite Anläufe, waren aber beherzt und praktisch. Wohl damit ist es zu erklären, daß Gustava anders als ihre Schwägerinnen – und zunächst auch anders, als es ihre Anlage erwarten ließ –

Hanna Henrikke
Gustava Amundsen,
geb. Sahlqvist

nicht «zwischen Topfpflanzen und Lavendel»[17] in Hvidsten hocken blieb, sondern ihrem Gatten auf seinen Fahrten folgte. Ihr erstes Kind, Jens Ole Antonius, wurde 1866 in China geboren.

Schon in den fünfziger Jahren hatte Jens Amundsen als Steuermann auf der «David Faye» den Fernen Osten besucht und dort eine Geldquelle entdeckt, die er nun im Beisein seiner Frau gründlich ausschöpfen wollte: den Sklavenhandel. Er hatte mit dem Dreimaster «Constantin» im Reich der Mitte Hunderte von Kulis gebunkert, die er nach Havanna bringen sollte. Bei diesem Unternehmen ereignete sich ein Zwischenfall, der Jens Amundsen wie einen zweiten Ahab zeichnete. – Stets wenn das Wetter es erlaubte, wurden die Eingepferchten in Zwölfergruppen an Deck geholt, damit sie Luft schnappen konnten und den Transport möglichst überlebten. Was die Besatzung nicht wußte, war: daß die Chinesen einen dieser Freigänge dazu benutzen wollten, ihre Peiniger zu überrumpeln – und zwar zuvörderst den Kapitän. Wie sich also eines Mittags ein

«Tomta», das Geburtshaus Roald Amundsens

Gefangener mit einer Axt von hinten an den Ausschau Haltenden heranschlich, den Arm zum Zuschlagen hob und das Opfer sich plötzlich umwendete, durchschnitt die Waffe die rechte Gesichtshälfte Jens Amundsens. Matrosen überwältigten den Attentäter, und Offiziere trugen den Verletzten in die Kajüte, wo Gustava Amundsen die Wunde vernähte. «Und es verlautet, daß sie dazu eine gewöhnliche Nadel und ordinären Zwirnsfaden benutzt hat.»[18]

Gustava und Jens Amundsen bildeten ein Team, obwohl sie wesensungleich waren – er: skrupellos und in einem fort rührig; sie: fügsam, doch im stillen bedacht, irgendwann ein ungehetztes Dasein zu genießen. Daß einmal andere Zeiten aufziehen könnten, in denen die bestehende großbürgerliche Ordnung im Lande von Klassenkämpfern angegriffen, erschüttert und beseitigt würde, dürfte sich das Ehepaar schwerlich vorgestellt haben. Näher lag der Gedanke, daß man Schiffahrt nicht allein zu Handels-, sondern auch zu Forschungszwecken betrieb; so wie es jener Eismeerabenteurer tat, der 1872 in seinem Logbuch notierte: «am 16. Juli kam das Nordcap Europa's in blauer Ferne in Sicht»[19]. Über dasselbe Datum schrieb Amunda Amundsen in einem ihrer Briefe an den Vater in London: «Tante Gustava ist 16. d. M. wieder von einem Sohn entbunden worden. Sie ist wie üblich frisch und munter und war bereits am siebten Tag auf den Beinen und spazierte herum.»[20]

Der Knabe, von dem die Rede war, wurde auf den Namen Roald Engebreth Gravning Amundsen getauft und hieß auf diese Weise wie ein Saga-Held. Denn «Roald» war von altnordischer Herkunft – ein Runenstein mit dieser Inschrift war kürzlich in Norwegen gefunden worden! – und bedeutet ungefähr «der Ruhmvolle»[21].

Von Unterdrückung und Befreiung

Welchen Ruhm die Eltern ihrem vierten Kind wünschten, wäre leicht zu erraten gewesen, wenn sie Hvidsten nicht noch im Oktober 1872 aufgegeben hätten, um in die Hauptstadt überzusiedeln. Offensichtlich war es Gustava Amundsen gelungen, ihren Mann zur Annahme eines Postens am Ende des Kristianiafjordes zu überreden und damit in ruhigeres Fahrwasser zu bugsieren. Sie hatte ihm seit 1866 alle zwei Jahre Söhne geboren: Jens, Gustav, Leon und Roald, und dachte längst daran, diese in einem Milieu groß werden zu lassen, das ihrer Meinung nach dem beruflichen Erfolg des Gatten und dem gesellschaftlichen Status der Seinen besser entsprach als der Betutanten-Weiler im Süden.

Kurzum: Jens Amundsen trat als Abteilungsleiter in das Handelsministerium ein und bezog gleich hinter dem Schloß die Villa «Uranienborg» am Uranienborgweg Nr. 9 – eine erste Adresse. Denn das Gebäude hatte bis dato Wolfgang Wenzel Haffner gehört, einem Regierungsmitglied a. D. und pensionierten Befehlshaber der Marine, der als Erzieher bei Hofe gedient und dort den künftigen König der Union, Oscar II., in Norwegisch und Mathematik sowie in Seekunde unterrichtet hatte.

Obwohl Jens Amundsen folglich an der Peripherie des politischen Zentrums seiner Heimat tätig war, berührten ihn die wachsenden ideologischen Gegensätze in seinem – sich vom Agrar- zum Industriestaat konvulsivisch wandelnden – Vaterland wenig. Daß die Typographen 1872 die erste Gewerkschaft im Reich gegründet hatten, betrachtete er gewiß als eine Provokation, die nicht in sein Ressort fiel. Daß zudem die Unabhängigkeitsbewegung gegen Schweden immer regeren Zulauf gewann, sah er vermutlich im selben Maß als Störung der öffentlichen Ordnung an wie 1885 die Publikation des sozialkritischen und durch den Justizminister unverzüglich konfiszierten Romans «Kristiania-Boheme» von Hans Jæger[22].

Doch das alles wissen wir nicht genau. Denn seit Gustava Amundsen das Kommando über die Familie an sich genommen hatte, verschwand ihr Mann – wie es die alten Texte formuliert hätten – ‹aus der Saga›. Deshalb bleibt es typisch für den Schwungverlust dieses Haudegens einer versinkenden Epoche, daß er 1886 auf dem Weg von England nach

Roald Amundsen, 1875

Norwegen an Bord des Dampfschiffes «Rollo» als Passagier gestorben ist.

Seiner Witwe oblag von Stund an nicht nur die Verantwortung für den Erhalt von großen materiellen Gütern, sondern auch – und vor allem – die Sorge um das Wohl ihres Jüngsten, Roald, der jetzt im fünfzehnten Lebensjahr stand und der Mutter Kummer machte.

Seit 1881 ging er auf das Gymnasium von Otto Anderssen; aber daß er jenen Ruhm, zu dem sein Name ihn verpflichten sollte, dort nicht erringen würde, war deutlich zu registrieren. Je höher Roald Amundsen Klasse um Klasse emporstieg, desto tiefer fielen seine Leistungen Fach um Fach ab. Seine Aufmerksamkeit richtete sich auf andere als die von den Lehrplänen umrissenen und zur Kenntnisnahme empfohlenen Gebiete: er fing an, sich in die Übersetzungen von John Franklins beiden Büchern «Narrative of a Journey to the Shores of the Polar Sea, in the

Years 1819, 20, 21, and 22»[23] und «Narrative of a Second Expedition to the Shores of the Polar Sea, in the Years 1825, 1826, and 1827»[24] zu versenken, und landete mit seiner Phantasie in der Hudsonbai, auf dem Mackenzie und zu guter Letzt im arktischen Meer. Später blickte er auf die Zeit mit den Bänden John Franklins zurück. *Eine seiner Schilderungen, in der er über den verzweiflungsvollen Rückzug einer seiner Expeditionen berichtete, fesselte mein Interesse mehr als alles, was ich je zuvor gelesen hatte. Er und seine wenigen Gefährten hatten drei bange Wochen mit Eis und Stürmen um ihr Leben kämpfen müssen, ihre einzige Nahrung bestand aus einigen Knochen, die sie in einem verlassenen Indianerlager fanden, und schließlich waren sie sogar genötigt, ihre eigenen Lederschuhe zu verzehren, ehe sie endlich wieder die ersten Vorposten der Zivilisation erreichten. – Seltsam, daß gerade die Beschreibung solcher Entbehrungen, die er und seine Leute zu erdulden hatten, mich an der Erzählung Sir Johns am meisten fesselte. Ein merkwürdiger Ehrgeiz brannte in mir, gleiche Leiden zu überwinden.*[25]

Er wollte Polarforscher werden.

Um daher einmal imstande zu sein, *gleiche Leiden zu überwinden* wie John Franklin, griff Roald Amundsen ein Trainingsprogramm auf, welches das andere seiner Idole, sein elf Jahre älterer Landsmann Fridtjof Nansen, 1884 ersonnen und durchgeführt hatte: zum Erstaunen sämtlicher Gazetten war er damals von Bergen aus zu einer am Ende fünfhundert Kilometer langen Skitour aufgebrochen, bloß um an einem Springen auf dem Husebybakken teilzunehmen. Als Amundsen deshalb am 20. Januar 1889 in Begleitung von drei Schulkameraden loszog, um diesen Tag und den nächsten – des Königs Geburtstag – auf einem Gewaltmarsch in die Berge westlich der Hauptstadt zu verbringen, war dies der frühe Start zu einer planmäßigen Vorbereitung auf das Ertragen von körperlichen Strapazen. Und als der Sechzehnjährige ein paar Monate danach zwischen all den Schaulustigen an den Kais und auf den Straßen Kristianias die Heimkehr Fridtjof Nansens von dessen Gang über das grönländische Inlandseis mit Hurra und Mützenschwingen feierte, wurde seine Absicht unumkehrbar.

Er wollte Polarforscher werden.

Dieser Vorsatz war so stark, daß er Roald Amundsens Leistungsfähigkeit am Gymnasium weiter schwächte. Direktor Otto Anderssen, der eine Meldung des Abiturienten zur Abschlußprüfung anfangs nicht gestatten wollte, dann aber doch genehmigte, entließ infolgedessen 1890 einen der schlechtesten Absolventen seiner Anstalt mit der Gesamtnote «4»[26].

Sei es nun, daß Gustava Amundsens Persönlichkeit überlegen war; sei es, daß ihr Sohn dankbar dafür war, wie sehr sie sich um sein Geschick bemüht hatte; oder sei es, daß er nurmehr listig war und taktierte – in jedem Fall gab er scheinbar sein Zukunftsziel auf und begann, an der

Königlich Norwegischen Fredriks Universität in Kristiania – wie es allenthalben heißt: Medizin – zu studieren. Er mietete unweit des Uranienborgwegs eine eigene Wohnung am Parkweg, nahm dorthin Betty, seine Kinderfrau, mit und spielte ansonsten den Dandy. «Ich erinnere mich noch genau an diese Abende bei schummriger Beleuchtung, wenn wir träge beieinandersaßen und parfümierte Zigaretten rauchten»[27], kolportierte später einer seiner Freunde.

Im Tabakdunst entschwebte auch der letzte Rest des Pflichtgefühls von Roald Amundsen; und so schob er das Verfahren des obligatorischen «Zweiten Examens» vor sich her und ließ sich mithin nicht wie seine Kommilitonen ein Jahr nach dem Abitur die Fachstudienreife attestieren. Als die Prozedur aber 1893 unumgänglich geworden war, bestand sie Roald Amundsen mit dem miserabelsten möglichen Prädikat, nämlich neuerlich mit «4»[28]. Eine kurz darauf veröffentlichte Liste seiner Zensuren zeigt, daß von einem Medizinstudium bei ihm keine Rede sein kann; er hatte Philosophie und Latein, Deutsch und Französisch belegt – in dem Fach, das der Medizin am nächsten kam, Zoologie, hatte er eine «5»[29].

Gleichwohl entspannte das examen philosophicum das Gewissen des Kandidaten; und als eben drei Monate verstrichen waren und Roald Amundsens Mutter am 9. September 1893 starb, war er auf einen Schlag frei. *Mit unsäglicher Erleichterung verließ ich kurz darauf die Universität, um mich mit ganzer Seele in den Traum meines Lebens zu stürzen.*[30] Er brauchte sich nicht länger zu verstellen, jeder konnte es erfahren, und keiner mochte ihn mehr aufhalten. Er war jung. Er war bemittelt. Und was am schwersten wog: er war besessen.

Er wollte Polarforscher werden.

Noch im Dezember unternahm er eine siebentägige Skiwanderung über das Hardangervidda-Plateau im Westen Norwegens. Er bewarb sich um einen Platz auf der «Windward» des Engländers Frederick George Jackson, der nach Franz-Joseph-Land gehen wollte. Und als der ihn nicht anheuerte, trug er sich in die Musterrollen anderer Schiffe ein, der «Magdalena» und «Valborg», «Oscar» und «Leon» und «Huldra», «Jason» und «Rhône». Mit ihnen fuhr er zwischen 1894 und 1896 mal ins nördliche Eismeer und mal nach Kanada, nach Liverpool und Le Havre, nach Caen und zu den Küsten Afrikas. Es war ein mächtiger Durchbruch, denn alles, was die Erziehung der Mutter in diesem ihrer Kinder unterdrückt hatte, schuf sich mit einem Mal Bahn: die Kühnheit des Vaters, sein Fernweh – und sein Kalkül! Im Rückblick auf die stürmischen Jahre seiner Jugend schrieb Roald Amundsen:

Zu dieser Zeit hatte ich schon alle Bücher der einschlägigen Literatur gelesen, deren ich habhaft werden konnte, und ein verhängnisvoller Fehler der meisten früheren Polarexpeditionen war mir dabei aufgefallen. Die Leiter dieser Expeditionen waren nicht immer Schiffskapitäne gewesen

Bevor Roald Amundsen 1893 zur zweiten großen Skitour seiner Jugend aufbrach, ließ er sich am 21. Dezember in Kristiania mit den beiden Begleitern, Laurentius Urdahl (links) und Vilhelm Holst (rechts), fotografieren…

…als er dann ein Nationalidol geworden war, wurden die Gefährten aus dem Bild eliminiert – ganz im Sinne zum Beispiel des schwedischen Romantikers Esaias Tegnér, dessen «Held» schon 1813 in einem gleichnamigen Gedicht von sich gesagt hat: «Einsam geh' ich.»

und hatten deshalb die Führung ihrer Schiffe fast immer erfahrenen Seeleuten überlassen müssen. In jedem solchen Falle hatte es sich als schicksalsschwer erwiesen, daß die Expedition, sobald sie in See gestochen war, nicht mehr einen Führer, sondern deren zwei hatte. Unweigerlich führte dies immer zu einer Teilung der Verantwortlichkeit zwischen dem Expeditionsleiter und dem Kapitän; daraus erwuchsen unaufhörlich Reibereien und Meinungsverschiedenheiten. Deren Folge war bei den übrigen, untergeordneten Mitgliedern der Expedition eine Lockerung der Disziplin. Immer bildeten sich zwei Parteien; die eine bestand aus dem Expeditionsleiter und dem wissenschaftlichen Stab, die zweite umfaßte den Kapitän und seine Mannschaft. Darum war ich entschlossen, mich nicht früher an die Spitze einer Expedition zu stellen, ehe ich nicht diesen Fehler umgehen könnte. Mein ganzes Streben war jetzt darauf gerichtet, mir selbst die nötige Erfahrung in der Schiffsführung anzueignen und mich zum Kapitän auszubilden, um meine Expedition nicht nur als Forscher, sondern auch als Schiffer leiten und so die Bildung zweier Parteien vermeiden zu können.[31]

Was den «Schiffskapitän» betraf, hatte Amundsen 1895 in Kristiania sein Steuermannspatent erworben; was den «Polarforscher» anging, hatte er kürzlich seine dritte Exkursion in die Berg- und Gletscherwelt Norwegens unternommen und dabei an der Seite seines Bruders Leon fast ein Fiasko erlitten. Sie hatten sich verirrt, der Proviant war ihnen ausgegangen, Roald wäre eines Nachts beinahe in einem Schneeloch erstickt, und Leon hätte sich um Haaresbreite in einer Felsspalte alle Knochen gebrochen. So ausgemergelt und geschunden kehrten sie an ihren Abmarschpunkt zurück, daß die Wirtsleute *in den beiden hageren Gespenstern keine Ähnlichkeit mit ihren Gästen von früher*[32] zu finden vermochten.

Adrien de Gerlache

Nein, Roald Amundsen versäumte ungern eine Gelegenheit, sich auf die Verwirklichung des großen Traumes vorzubereiten!

Als er deshalb die Möglichkeit witterte, Schaulust und Beschlagenheit, Können und Wollen durch die Teilnahme

Die «Belgica» am 15. August 1897, einen Tag vor ihrer Ausfahrt, im Hafen von Antwerpen

an einer Expedition in das südliche Eismeer zusammenzuführen, den *Forscher* also mit dem *Schiffer* zu kombinieren, da ergriff er die Chance beim Schopf. Er hatte während eines Abstechers nach Brüssel 1895 den Belgier Adrien de Gerlache kennengelernt, der gegenwärtig den ehemals norwegischen Walfänger «Patria» auf der Werft von Sandefjord zu einer Fahrt in die Antarktis umbauen und ausrüsten ließ und damit einverstanden war, daß Roald Amundsen ihm als Zweiter Offizier und Steuermann zur Seite trat.

«Belgica» prangte am Bug, als die Bark am 16. August 1897 wimpelgeschmückt und von Vivatrufen und Salutschüssen verabschiedet aus dem Hafenbecken von Antwerpen glitt. Es war der – mehrfach modifizierte – Plan de Gerlaches, den Atlantik zu überqueren, an der Ostküste Südamerikas hinabzusegeln, Feuerland zu passieren und von dort Kurs auf Grahamland zu nehmen, um sich daraufhin an der antarktischen Uferlinie bis nach Victorialand vorzutasten, wo vier Mann der Besatzung vom Herbst des Jahres 1898 bis zum Frühling des Jahres 1899 überwintern sollten; die «Belgica» würde in der Zwischenzeit nach Melbourne gehen und im Stillen Ozean kreuzen.

So schleppend das Vorhaben ausgetüftelt war, so sturzwellenschnell wurde seine Ausführung von den Ereignissen fortgespült. Denn schon bald zeigte sich, daß de Gerlache im Nebel seines Ehrgeizes eine Mannschaft zusammengewürfelt hatte, die aus Trinkern und Schlägern bestand. In bezug auf die Herkunftsländer ihrer Angehörigen war sie so gemischt, daß manche der Offiziere sich untereinander nicht verständigen konnten. Und als die «Belgica» zu aller Entsetzen am 2. März 1898 vor Grahamland im Eise festfror und fortab mit ihm dahintrieb, als wenig später die Südpolarnacht heraufzog und überdies der Geophysiker Emile Danco auf unerklärte Weise starb – der Matrose August Wiencke war im Januar bei rauher See über Bord gegangen –, wurde der Kommandant schwermütig; seine Leute waren es längst. «Die Trauertage, die wir eben durchlebt haben, waren für die meisten von uns verhängnisvoll. Mehr und mehr zeigten sich die verheerenden Wirkungen der moralischen Niedergeschlagenheit, verbunden mit der Polaranämie: unsere Kräfte nahmen sichtlich ab, eine Art Müdigkeit ergriff unsere Glieder; zwar besorgten wir unsere Arbeiten noch pünktlich, aber maschinenmäßig, ohne Interesse. – Obgleich unser gegenseitiger Verkehr stets höflich blieb, so zeigte sich doch bei jeder Maßnahme allgemeiner Natur eine unbewußte stumme Unzufriedenheit. Andererseits isolierte sich de Gerlache immer mehr und war finster und wortkarg.»[33] Daß er sich und die übrigen Eingeschlossenen in einer «petite colonie de condamnés»[34] wähnte, war allerdings ein Ausdruck der Wiedergewinnung seiner Klarsichtigkeit, denn eine «kleine Kolonie der Verdammten» stellten sie tatsächlich dar. Sie waren auf die Probleme einer gemeinsamen Überwinterung nicht vorbereitet, waren unzureichend gekleidet und mangelhaft mit Nahrungsmitteln ausgestattet; sie bekamen Skorbut, und einige verloren den Verstand.

Allein der psychologischen Betreuung und medizinischen Versorgung durch den Schiffsarzt Frederick Albert Cook und nur der seemännischen Fähigkeit und körperlichen Ausdauer Roald Amundsens hatte es die Besatzung letztlich zu verdanken, daß ihr Segler dem Zugriff unvertrauter Gewalten entrinnen und am 5. November 1899 in den Hafen von Antwerpen einlaufen konnte.

Amundsen fehlte auf dem Freudenkorso. Aus Empörung über de Gerlaches dilettantische Expeditionsleitung, seine hysterische Wehleidigkeit und sein illoyales Benehmen hatte er die «Belgica» bereits im März in Punta Arenas verlassen. Auch wenn es Menschen auf ihr erstmalig gelungen war, einen Winter in der Antarktis auszuharren, und auch wenn ihre Reise dabei viele Einsichten gefördert hatte – Wissen, das einst zehn Folianten füllen sollte –, blieb sie doch ein Warnzeichen dafür, wie man durch Dummdreistigkeit sich und andere in Gefahr bringt. Wo immer es möglich war, vermied Roald Amundsen in Zukunft, auch nur den Namen Adrien de Gerlaches zu zitieren.

Er kehrte nach Norwegen zurück, leistete seinen Wehrdienst ab, machte mit Leon eine Fahrradtour durch Westeuropa und erwartete wie die meisten seiner Zeitgenossen den Anfang des neuen Jahrhunderts.

Die Nachwelt muß heute entscheiden, welche Begebenheit des alten für den Jüngling vorausweisender war: daß ihm und seinen Kameraden

Adrien de Gerlache und Roald Amundsen waren 1899 im Streit auseinandergegangen. Deshalb taucht der Zweite Offizier und Steuermann der «Belgica» nur selten namentlich in de Gerlaches Reisebericht auf. Da die Legende zu diesem Bild dort lediglich auf «die kleine Halle über dem Maschinenraum» hinweist, bleibt als Erkennungszeichen des Norwegers allein: die markante Nase – und Frederick Albert Cooks beiläufige Erinnerung in seinem Fahrtenbuch, daß Roald Amundsen am 16. April 1898 damit beschäftigt war, «Stiefel zu flicken»

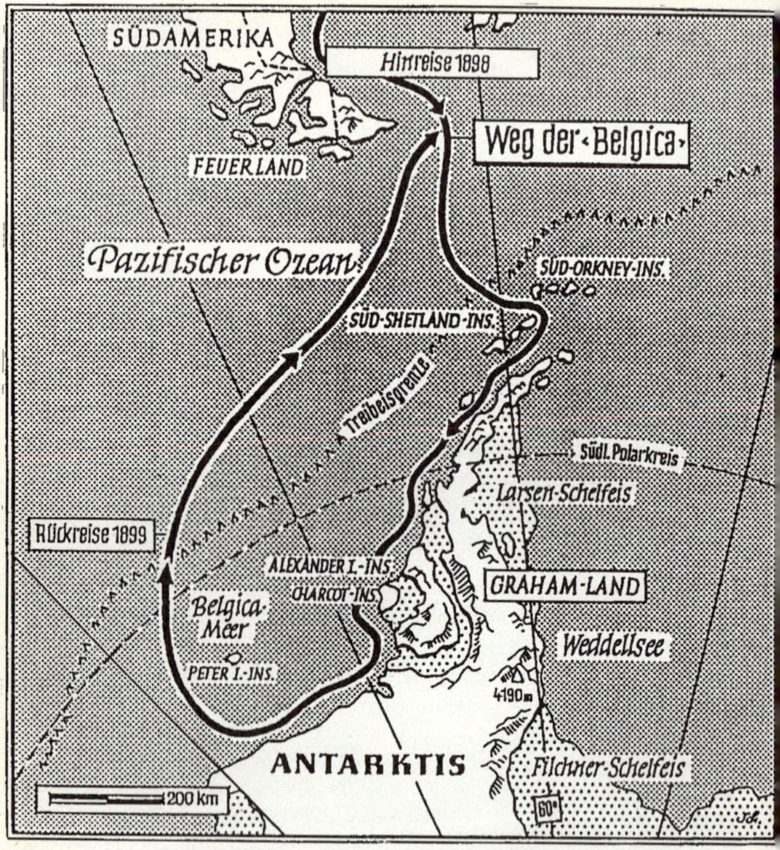

Die Route der «Belgica». Nach Hans-Otto Meissner, 1982 (modifiziert)

ein exaltierter Brasilianer auf der Südfahrt der «Belgica» Jules Vernes «berühmten ‹Hatteras›»[35] ans Herz gelegt hatte – oder daß ihm vor wenigen Wochen im englischen Grimsby eine Sammlung von Büchern zur Entdeckungsgeschichte der Nordwestpassage in die Hände gefallen war.

Die Nordwestpassage

Seit am 29. September anno 1513 ein Desperado in ehernem Harnisch und mit gezücktem Schwert den Ozean jenseits der von Kolumbus entdeckten Strände für die Krone Spaniens in Besitz genommen hat, steht fest, daß der Genueser weder in Indien noch in Cathay oder Zipangu – China oder Japan – gelandet war. Der Weg dorthin war nicht zu Ende und führte, wie viele Nachgeborene meinten, durch das arktische Insellabyrinth der Neuen Welt – durch die Nordwestpassage.

So schwärmten sie aus: Sebastian Cabot 1517 bis zur Hudsonbai und Jacques Cartier 1535 bis zum Sankt-Lorenz-Golf, Martin Frobisher später und Henry Hudson und William Baffin, der 1616 bis zum Lancaster-Sund kam, aber dort in Anbetracht der zahlreichen Untiefen und des bedrohlichen Eisgangs beidrehen mußte. Diese Entscheidung lenkte die Abenteuerlust von Kapitänen nun für geraume Zeit auf andere Regionen, obgleich in England eine Belohnung von zwanzigtausend Pfund Sterling jenem Sailor winkte, der die Nordwestpassage fände. Nachdem jedoch James Cook – im Sommer 1778 in west-östlicher Richtung – ebenfalls vergeblich nach der Wasserschneise gesucht hatte, erschien sie ein für allemal als Illusion. Und doch: durch seine Siege in den Napoleonischen Kriegen wurde England zur beherrschenden Seemacht, und «Rule, Britannia, rule the waves» feuerte manchen Heißsporn neuerlich an, die Route vom Atlantik in den Pazifik zu öffnen. John Ross, David Buchan, William Edward Parry, John Franklin – sie alle stachen 1818 in See und irrten zwischen den kanadischen Meerengen umher, scheiterten, aber gaben nicht auf und wiederholten ihre martialischen Expeditionen. Daß Robert John Le Mesurier McClure schließlich 1850 auf dem Kurs von James Cook um Alaska herumgesteuert war und, während sein Schiff in der Prince of Wales-Straße festgefroren lag, bei einer Schlittenreise gewahrte, wie dieser Kanal in Gewässer mündete, die bereits von Osten her befahren worden waren, daß also McClure die Existenz der Passage als erster wenigstens bestätigen konnte, wurde – und wird bis heute[36] – in seiner Publikumswirksamkeit überlagert vom Untergang John Franklins und seiner Gefährten drei Jahre zuvor. Nicht nur die geheimnisvollen Umstände seines Verderbens und nicht nur die penelope-

John Franklin

gleiche Anhänglichkeit seiner Witwe, die mehrere der rund vierzig Suchmannschaften selbst alimentierte, sondern gerade die Vieldeutigkeit der von diesen gesammelten Funde und Gerüchte schufen um den Kommandanten der «Erebus» und «Terror» eine Aura, in der er als Phantom weiterlebte, als Leitfigur und Verführer.

Seine gefährliche Zugkraft reichte bis nach Kristiania in Norwegen. *Ein merkwürdiger Ehrgeiz brannte in mir, gleiche Leiden zu überwinden.* Daß *überwinden* möglich war, hatten Roald Amundsen seine seemännischen Erfahrungen in der Arktis und der Antarktis bewiesen. Deshalb konnte er jene Aufgabe ins Auge fassen, deren Lösung die Franklinschen Torturen bezweckten: die Bezwingung der Nordwestpassage. Und weil der Magnetische Nordpol, wie die Menschheit seit den Beobachtungen des Engländers James Clark Ross im Jahre 1831 weiß, sozusagen an der Strecke liegt, wurde die Ermittlung seiner Koordinaten zur akademischen Rechtfertigung des Unterfangens. Schwierig war das insofern, als der Magnetische Nordpol – ebenso wie der Magnetische Südpol – nicht durch ein System geometrischer Linien fixiert ist, sondern wegen seiner Abhängigkeit von den sich in einem fort verlagernden Kraftfeldern der Erde unaufhörlich umläuft.

Auf dem Weg zum *Kapitän* war Roald Amundsen unterdes ein gutes Stück vorangekommen: *Schiffer* war er insoweit, als er die beiden Eismeere kannte und sich in ihnen bewegen konnte – nur *Forscher* war er noch nicht. Deshalb begab er sich im September 1900 mit einer Empfehlung Fridtjof Nansens nach Deutschland, um sich zunächst am Marine-Observatorium, Wilhelmshaven, und dann an der Deutschen Seewarte, Hamburg, in Magnetkunde auszubilden. Bewegt trug er am 4. Oktober 1900 in sein Tagebuch ein: *Legte heute Prof. N. meinen Plan vor, die gegenwärtige Position des Magnetischen Nordpols zu bestimmen. Prof. N. meinte, daß das von großer wissenschaftlicher Bedeutung sein würde.*[37] Mit diesen Worten Georg von Neumayers, des Direktors der Deutschen Seewarte und eines der erlauchtesten Geographen jener Tage, war Amundsens Vorhaben höchstinstanzlich gutgeheißen.

Er kaufte aus den Mitteln seiner Erbschaft in Tromsö das Heringsfangschiff «Gjöa», machte sich mit ihm auf einem Probetörn in der Barentssee vertraut, konsultierte noch mehrfach geophysikalische Institute im Deutschen Reich, erwarb sein Kapitänspatent, unternahm eine Exkursion nach Nordnorwegen, um sich dort in erdmagnetischer Meßtechnik zu üben… und sammelte Spenden, weil die eigenen Gelder zur Ausrichtung der Expedition rapide zu verebben drohten. Und auch wenn sein Saga-Name hier und da noch falsch geschrieben wurde[38], war sein Träger schon ein Begriff, denn er referierte vor der «Geographischen Gesellschaft» in Kristiania ebenso wie vor der «Royal Geographical So-

Außer dem Marine-Observatorium in Wilhemshaven und der Deutschen Seewarte in Hamburg besuchte Roald Amundsen zu Studienzwecken auch die Königlichen Observatorien auf dem Telegraphenberg bei Potsdam. Die Ansicht aus der Vogelperspektive entstand 1892

ciety» in London; für die in Leipzig erscheinende «Geographische Zeitschrift» war er bereits 1902 «der Polarfahrer Amundsen»[39]. Überall wußte man, was der Norweger beabsichtigte: *Ich werde mich im Frühjahr 1903 mit der «Gjöa» aufmachen. Insgesamt werden wir 7 Mann an Bord sein. Wenn ich einem kleinen Schiff wie diesem den Vorzug gebe, dann geschieht das deshalb, weil die Wasserläufe, die wir benutzen werden, sehr oft seicht und schmal sind. Da heißt es, ein Fahrzeug zu haben, dessen Tiefgang nicht groß ist und das sich gewissermaßen auf dem Fleck manövrieren läßt. Ein unscheinbares Boot, besonders eines, das für den Fischfang gebaut ist, erfordert wenige Leute und ist als Folge davon auch in seiner Ausstattung billiger.*[40]

Dieser Gesichtspunkt war nicht unwesentlich. Denn obwohl «der Polarfahrer Amundsen» Schenkungen zu Tausenden empfangen hatte – sogar die Allgemeine Deutsche Seeversicherungsgesellschaft war mit fünfzig Kronen dabei – und obgleich er sein Privatvermögen zugeschossen hatte, stand er am Vorabend der Reise ohne eine Öre da. Erst die Bürgschaft eines entfernten Verwandten, des Reeders Olaf Ditlev-Simonsen, bewahrte ihn vor der Beschlagnahme der «Gjöa» – was Amundsen nicht gehindert hat, sein Davonsegeln als eine Flucht vor habgierigen Gläubigern zu stilisieren. Aber das war es nicht! Es war die Abwendung von einem Leben in geregelten Bahnen: einem Dasein mit Sachen und Personen, die ihn nicht interessierten. Daher überkam den Dreißigjährigen, als sein Schiff in der Nacht vom 16. auf den 17. Juni 1903 von Kristiania ablegte, wie damals, als er die Universität verließ, ein zweites Mal *unsägliche Erleichterung*[41].

Und die frohe Stimmung hielt an. Denn planmäßig arbeitete sich die «Gjöa» durch den Skagerrak in den Atlantik hinaus, beharrlich entlang dem 60. Breitengrad auf die Südspitze Grönlands zu, dann an dessen Westküste hinauf zur Baffinbai und weiter gen Westen in den Lancaster-Sund, an dessen Ufern – *geheiligtem Boden*[42] – John Franklins letzter sicherer Winterhafen gelegen hatte, bis zur Somerset-Insel, die Amundsen mit südlichem Kurs zu umgehen befahl, so daß er auf die Boothia-Halbinsel zuhalten konnte, auf der vor zweiundsiebzig Jahren James Clark Ross den Magnetischen Nordpol geortet hatte.

Nichts vermochte, das Unternehmen zu hemmen: ein Feuer im Maschinenraum konnte in Windeseile gelöscht werden, und über das Riff, auf dem die «Gjöa» Ende August vor der Insel Matty zu kentern drohte, hob sie ein Wasserschwall – so glücklich war die Reise, daß Amundsen sich zwingen mußte, sie am 13. September 1903[43] im Süden der King-William-Insel in einer Bucht zu unterbrechen. Hier, in «Gjöahafen», wollte er mit seiner Besatzung überwintern; von hier aus sollte die Lage des Magnetischen Nordpols festgestellt werden.

Die sieben Männer richteten sich ein. Sie deckten ihr Schiff mit einer Plane ab, stellten Hütten am Strand auf, installierten Beobachtungs- und

«Hanssen, der die Wache im Mastkorb hatte, sah mehr als wir, und plötzlich ertönte es von da oben her: ‹Ich sehe den schönsten kleinen Hafen, den es überhaupt geben kann!›

Ich kletterte zu ihm hinauf – und, ganz richtig; klein und vor allen Winden geschützt, wie ein Paradies für uns mutige Seefahrer, lag der Hafen da, der später den Namen Gjöahafen erhielt.»

Meßstationen – *eine ganze kleine Ortschaft*[44] –, schossen Rentiere und Vögel und pflegten einen regen freundschaftlichen Verkehr mit den Eskimos, welche die «Gjöa» umdrängten. Sie lernten, Iglus zu bauen und sich in der Manier der Eingeborenen Kleider zu nähen, feierten Weihnachten und Neujahr feuchtfröhlich bei −44 Grad, und als die Temperaturen im Frühling wieder zu steigen begannen, unternahm Roald Amundsen zusammen mit Peder Ristvedt, seinem Meteorologen, eine fast zwei Monate dauernde Observationspartie nach der Boothia-Halbinsel. Er wußte, daß der Magnetische Nordpol nicht auf einer Stelle liegt, sondern unablässig wandert – sich mithin auch seit dem Jahre 1831 verschoben haben mußte –, und hatte sich deshalb auf ein Katz-und-Maus-Spiel vorbereitet. Weil er sich jedoch unterwegs am linken Fuß verletzte, war er nicht auf dem Sprung und mußte das Ergebnis seiner Jagd auf die Aussage beschränken: *Wir waren dem magnetischen Pol sehr nahe – sowohl dem alten als auch dem neuen – und sind wahrscheinlich an beiden vorübergekommen.*[45] Dann fügte er hinzu: *Ein glänzender Erfolg war unser Ausflug allerdings nicht*.[46]

Er nahm auch keinen Anlauf mehr, die Scharte auszuwetzen, sondern blieb in «Gjöahafen», wo er sich auf die Organisation von topographischen Erkundungen der Umgebung und das Studium von Sitten und Gebräuchen der Eskimos konzentrierte. Er empörte sich über die wenig delikaten Umgangsformen der vermeintlich Primitiven, tadelte das Benehmen jenes halberwachsenen Knaben, der genüßlich zwischen Zügen aus Mutters Brust und Vaters Pipe wechselte, und war angerührt von der

Herzlichkeit dieser Menschen – zuletzt warnte er davor, wie Fridtjof Nansen es in seinem Buch «Eskimoleben»[47] getan hatte, daß die Konfrontation dieser *prächtigen, mutigen Naturkinder dort droben unter dem Pol*[48] mit den Inhabern europäischer Kultur – die ihre Gastgeber mit Bildbänden von den Gemetzeln des Burenkriegs in Angst und Schrecken versetzten – zum Untergang der Urbevölkerung führt. *Meine besten Wünsche für meine Freunde, die Netschjilli-Eskimos, fasse ich zusammen in dem einen, daß ihnen die Zivilisation niemals nahen möge!*[49]

Aber hatte er nicht selbst versucht, sie comme il faut im Gebrauch von Messer und Gabel zu schulen? Hatte er nicht dem dicken Tonnich die Haare geschnitten, *Normalunterkleider*[50] aufgeschwätzt und *einen funkelnagelneuen, aus unsern heimatlichen Stoffen verfertigten Friesrock nebst Hosen*[51]? Und hatte er nicht Atangala und Talurnakto mit Post zur Hudsonbai geschickt, wo sie die Royal North-West Mounted Police in Empfang nahm (um daraufhin der Welt die zweite Nachricht der Abenteurer zu übermitteln[52])?

Solche Fragen gehörten nicht zum Ballast, mit dem Roald Amundsen sein Schiff im Sommer 1905 belud. Vielmehr verließ er die King-William-Insel nach zweijährigem Aufenthalt allein von dem Gedanken beschwert, ob ihm die Umrundung des Festlandes von Nordamerika gelänge.

Amundsens Route durch die Nordwestpassage. Nach Hans-Otto Meissner, 1982 (modifiziert)

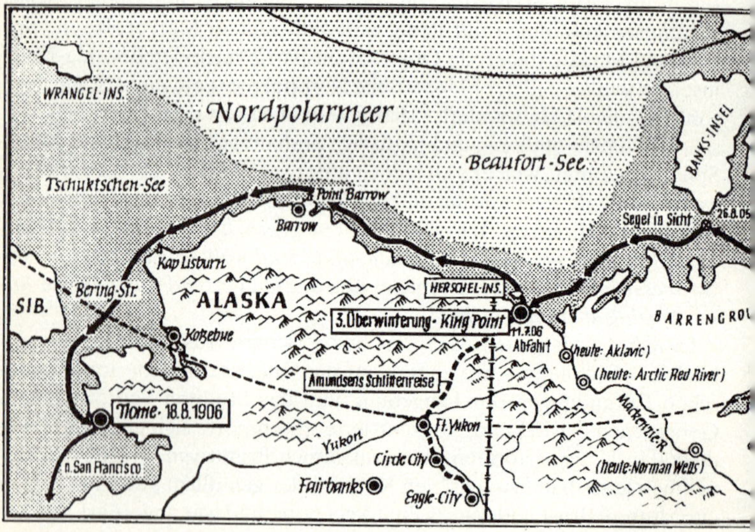

Das Innere eines Iglus der Netschjilli-Eskimos

Mal vom Mastkorb Umschau haltend, mal von der Reling lotend, dirigierte Amundsen die «Gjöa» durch die Simpson- und die Deasestraße, quer über den Coronationgolf, durch die Union- und die Dolphinstraße und folgte damit der Rinne, in welcher 1850 der Engländer Richard Collinson ein Stück von Westen her gesegelt war. Amundsen vertraute den kartographischen Angaben jenes Pioniers und vollendete auf diese Weise – gleichsam im Schlaf, denn er lag an diesem Vormittag nach seiner Wache in der Koje – am 26. August 1905 vor Nelson Head, südlich der Banks-Insel, die Nordwestpassage.

Ein Kutter kam ihm entgegen.

Und abermals spielte sich nach wenigen Stunden eine von den Szenen ab, die Höhepunkte in der Geschichte der Entdeckungen sind und eröffnet werden mit dem unterkühlten «Mr Livingstone, I presume» oder «Sind Sie nicht Nansen?»[53] Diesmal fiel James McKenna von der «Charles Hansson» die Einleitung des Schlüsseldialogs zu.

«Sind Sie Kapitän Amundsen?» lautete sein erstes Wort.

Ich war sehr erstaunt, daß man so weit draußen in der Welt etwas von uns wußte, und antwortete bejahend.

«Ist dies das erste Schiff, dem Sie begegnet sind?»

Als ich dies bejahte, leuchtete es in seinem Gesicht auf, und wir drückten einander lang und herzlich die Hände.[54]

Dieses Shakehands zwischen den beiden Kapitänen, dem einen aus San Francisco und dem anderen aus Kristiania, wurde zum Siegel der Verbindung des Atlantischen und des Pazifischen Ozeans. Roald Amundsens Traum war Wirklichkeit geworden – was bedrückte es ihn da, daß die «Gjöa» kurz darauf westlich der Mackenzie-Mündung bei King Point ins Packeis geriet und die Bemannung einen dritten Winter auf hohem Breitenkreis verbringen mußte? In der Nachbarschaft kampierte eine Schar von Walfängern und Eskimos, von *Mulatten, Negern, Gelben, Weißen*[55], so daß man weder an Leib noch an Seele Not litt: das Essen wurde abwechslungsreicher, die Gesellschaft wurde bunter. Und auf einem der Trawler hatten sie sogar Briefe für Amundsen aus Norwegen.

Warum sollte es da nicht möglich sein, die nächste Telegraphenstation aufzusuchen und Antwort zu senden? Schließlich war Peder Ristvedt im letzten Jahr von der Boothia-Halbinsel hin zur «Gjöa» und retour zweihundert Kilometer mit einem Schlittengespann gereist, nur weil dem «Chef»[56] der Tabak fehlte... Roald Amundsen hielt seine Kameraden somit zum Schreiben an, packte seine eigenen Grüße und Berichte dazu, lötete alles miteinander in eine Büchse – *In diesen Gegenden muß man starke Briefumschläge haben*[57] – und wanderte auf Skiern bis Fort Yukon und von dort den Fluß hinauf bis Eagle City; hier lieferte er seine Post ein, wartete die Reaktionen aus Europa ab, kaufte Zeitungen und machte kehrt. Als er am 12. März 1906 bei der «Gjöa» ankam, war er fast fünf Monate unterwegs gewesen und hatte mehr als eintausendfünfhundert Kilometer Geländemarsch zurückgelegt. Dennoch wurde er seiner Heimkunft nicht froh, weil Gustav Juel Wiik, der Zweite Maschinist, zu kränkeln begann und binnen weniger Tage, ohne daß ihm jemand helfen konnte, starb.

Nun war der Ort unheimlich geworden. Aber das Packeis gab die «Gjöa» nicht frei. Erst am 11. Juli 1906 durfte Amundsen das Polarmeer verlassen. Er lief Nome in Alaska an, jenes wilde Goldgräbertown, das er in seinem Leben noch oftmals wiedersehen sollte und wo er – was für eine bedeutungsschwere Fügung! – Samuel Balto traf: einen jener beiden Lappen, die Fridtjof Nansen auf Schneeschuhen durch Grönland begleitet hatten. Zusammen mit ihm waren sie am 30. Mai 1889 auf den Straßen Kristianias betäubt gewesen von dem Jubel, in den auch ein Sechzehnjähriger vom Uranienborgweg Nr. 9 eingestimmt hatte.

Jetzt war der Schwärmer vierunddreißig Jahre alt und befand sich auf

Roald Amundsen
mit dem Großkreuz des
St. Olavs-Ordens, 1906

der gleichen via triumphalis; denn am 20. November 1906 hielt er Einzug in Norwegens Hauptstadt.

Das Land hatte kürzlich seine Unabhängigkeit von Schweden gewonnen und feierte in Roald Amundsen die Personifizierung seines nationalen Selbstverständnisses. Admiral Christian Sparre schuf beim Galadiner im Festsaal von Kristiania unter einem Gemälde der «Gjöa» eine Parabel: «Während wir hier zu Hause im politischen Kampf darum standen, jenen Platz zu erlangen, von dem wir meinten, daß er uns in der Gemeinschaft der Staaten gebührt, rang ein armseliger Trupp von Männern an Bord einer winzigen Hardangerjacht hoch oben im ewigen Eis und Schnee um dasselbe Ziel – rang darum, der Welt zu zeigen, daß das norwegische Volk über jene Kultur und Disziplin, über jene Kraft zur Selbstaufopferung verfügt, die allein das Recht geben kann, als ein freies Volk zu existieren.»[58]

Amundsen, berichtete die Zeitung «Aftenposten», dankte für solche Reden; «dann servierte man Kaffee ‹avec›»[59].

Und wenn ihn in den Monaten, die nun folgten, einer fragte, wohin die nächste Reise gehe, antwortete er stereotyp, sie würde ihn zum Nordpol führen. Jeder vergaß daraufhin, daß er bei seiner Rückkunft ein ganz anderes Projekt angekündigt hatte. Da hatte Amundsen den Reportern gesagt: «Das Endziel wird diesmal jedoch nicht dem nördlichen Polarmeere, sondern der unerforschten Eiswüste des antarktischen Kontinents gelten.»[60]

«Terra australis incognita» oder: Eine kleine Vorgeschichte der Erforschung der Antarktis

Die Behauptung, daß der antarktische Sockel «unerforscht» sei, knüpfte 1906 an die antiken Spekulationen über den Wohnsitz der «Gegenfüßler»[61] und die mittelalterlichen Hypothesen über eine «terra australis incognita»[62] an und unterband die Wahrnehmung des neuzeitlichen Faktenwissens. Das aber hatte sich im Zuge einer jahrhundertelangen Exploration reichhaltig herangebildet.

Denn nachdem Amerigo Vespucci schon 1501 überzeugt gewesen war, südöstlich der brasilianischen Strände andere Ufer gesichtet zu haben, und seit Oronce Finé drei Dezennien später eine Karte gezeichnet hatte, auf der die Grundkalotte unseres Planeten als eine Kontinentalfläche beschrieben wurde, welche «nondum plene cognita»[63], «noch nicht genügend bekannt» sei, waren wiederholt Glücksjäger aus England, Frankreich und den Niederlanden in jene dämmerige Hemisphäre vorgedrungen, um deren Gebiet auszumessen. Fand man hier, war die Frage, die alle Kundschafter motivierte, Rohstoffquellen, Handelsplätze? Solche Habgier ließ sich auch nicht stillen, als Abel Janszoon Tasman von 1642 bis 1643 um Neu-Holland herumgesteuert war und die «terra australis» im fünften Erdteil lokalisiert hatte. Nämlich: wenn sich im Widerspruch zu den Drucken von Finé, Ortelius und Mercator keine Festlandmasse bis zum Südpol ausdehnte – was lag dann in diesen Meeren, die sich unterhalb von Australien, Afrika und Südamerika erstreckten? Die Antwort gab Jean-Baptiste Charles Bouvet. Der hatte am 1. Januar 1739 durch sein Teleskop auf 54 ° 26 ' südlicher Breite eine hohe schneeüberzogene Küste visiert; und als er daraufhin gezwungen war, parallel zu einem zweitausendvierhundert Kilometer weiten Eiswall zu kreuzen, tat er ergriffen kund, ans Ende der passierbaren Welt gekommen zu sein. Der Globus, so lautete seine Information, erhebt sich südwärts hiervon in einer gewaltigen gleißenden Wölbung. Doch es erging Bouvet, wie es Kolumbus auch geschehen war: er wurde belehrt, daß das Gefundene nicht das Dafürgehaltene war – der Saum der antarktischen Meere rückte «noch weiter hinaus».

«Plus ultra» – die Parole der Eroberer, Abenteurer und Entdecker, hatte den Engländer James Cook darin bestärkt, sich mit dem Report des

Die Mannschaft der «Resolution» unter James Cook versorgt sich im Januar 1773 in der Antarktis mit Proviant: während die einen Albatrosse schießen, hacken die anderen Blöcke von den Eisbergen los, welche – aufgetaut – Trinkwasser liefern

Franzosen nicht zufriedenzugeben. Zwar hatte er zwischen 1768 und 1771 bereits vergeblich versucht, den Geheimauftrag der britischen Admiralität auszuführen und «im Süden jeder Strecke, die von früheren Navigatoren in Verfolgung ähnlicher Ziele befahren wurde»[64], ein «Land großen Ausmaßes»[65] zu erreichen; aber so unergiebig diese Reise für die Kontore in London war: James Cook hatte sich mit den Gewässern vertraut gemacht, aus denen irgendwo jenes «Land großen Ausmaßes» aufsteigen müßte. Deshalb wird er es als Glück betrachtet haben, daß die jüngst annoncierte Südsee-Expedition von Yves Joseph de Kerguelen die Rivalität der beiden Imperien diesseits und jenseits des Kanals noch steigerte und ihn in den Stand versetzte, kaum heimgekehrt, einen zweiten Geleitzug nach dem Pazifik zu rüsten. Der Tag, an dem er Plymouth mit der «Resolution» und der «Adventure» verließ, der 13. Juli 1772, markiert den eigentlichen Anfang der Südpolarforschung.

Abermals richtete Commander Cook den Bug seiner Schiffe auf das Gebiet südlich von Australien, und diesmal durchpflügte er die See rund um den Erdball so, «daß da nicht der geringste Platz für die Möglichkeit der Existenz eines Kontinentes außer nahe dem Pole geblieben war und außerhalb der Reichweite jeder Navigation»[66]. An deren Grenzen war er nun tatsächlich gestoßen! Denn er war auf einer Distanz von hundertfünfzehn Meridianen oberhalb des 60. Breitengrades geblieben, hatte dabei dreimal den Polarkreis überquert und war schließlich am 30. Januar

Sowenig die Entdecker immer sicher gewesen sein werden, ob das, was ihnen geschah, Traum oder Wirklichkeit war, sowenig lassen die Illustrationen der frühen Reiseberichte erkennen, ob sie eine erdachte oder eine erlebte Begebenheit widerspiegeln. Die gespenstische Darstellung des Zusammenstoßes der beiden Schiffe von James Clark Ross, «Erebus» und «Terror», erst miteinander und dann mit einem Eisberg am 13. März 1842 hätte sich jedenfalls ebensogut in manchem Roman von Jules Verne befinden können

1774 bei 106 ° 54 ' westlicher Länge bis auf 71 ° 10 ' südlicher Breite hinabgelangt. Am Vorabend dieses denkwürdigen Tages hatte er anschaulich geschildert, was die Mannschaft vom Deck der «Resolution» aus beobachten konnte: «Kurz nach 4 Uhr morgens nahmen wir wahr, daß die Wolken im Süden nahe dem Horizont von einer ungewöhnlichen Schneehelligkeit waren, welcher Umstand unsere Annäherung an ein Eisfeld anzeigte; kurz darauf wurde dieses vom Mast aus gesehen, und um 8 Uhr hatten wir ihm uns genähert; es erstreckte sich nach Ost und West in gerader Linie, weiter denn unsere Sicht reichte bei der Helligkeit des Horizontes; in der Lage, in welcher wir uns nunmehr befanden, war die südliche Hälfte des Horizontes erleuchtet von den vom Eis reflektierten Sonnenstrahlen bis in eine respektable Höhe. Die Wolken nahe dem Horizont waren von einem perfekten Schneeweiß und konnten kaum von den Eis-Hügeln unterschieden werden, deren leichte Erhöhungen die Wolken berührten. Die äußere oder nördliche Begrenzung dieses immensen Eisfeldes war gebildet von losem oder gebrochenem Eis, so dicht aufeinander gepackt, daß nichts in es eindringen konnte […].»[67]

Was hatte der Mensch vor dieser Schranke noch zu suchen – in einem Meer zudem, das die verheißenen Länder nicht trug und hinter dessen

Rand die Natur nichts als Leblosigkeit und Abweisung in Aussicht stellte?

So mutig die Erforschung der Südpolarregion begonnen worden war, so dauerhaft wurde sie darum wieder eingestellt. Gut blieb die Antarktis nur für Spökenkiekereien und literarische Schauerromantik: ein Höllenschlund, in den Samuel Taylor Coleridge 1798 seinen alten Seefahrer schickte:

«Und nun kamen Nebel und Schnee,
und es wurde bitter kalt:
Und Eis, masthoch, kam vorbeigetrieben,
grün wie Smaragd.

Und durch das Treibeis warfen die schneebedeckten Abgründe
einen düsteren Schein:
Weder Menschen noch Tiere können wir erkennen –
überall war Eis.»[68]

Ein Inferno, in das auch Edgar Allan Poe 1838 den armen Arthur Gordon Pym geraten ließ. Aber solange dort noch Eisbären herumschweiften und negergleiche Waldbewohner «Lama lama!»[69] brüllten und solange authentische Journale mit Hilfe derselben künstlerischen Techniken illustriert werden mußten wie die haarsträubendsten Räuberpistolen, solange waren folglich fact und fiction nicht zu trennen und war Klarheit nicht zu gewinnen.

Je länger diese Ungewißheit währte, desto bestimmter wurden die alten Fragen wiederholt: gab es nicht doch einen Lichtblick für die wirtschaftliche Nutzung jener Himmelsstriche? Hatte nicht Cook zum Beispiel am 14. Dezember 1772 inmitten eines Eisfeldes auf 54° 55' südlicher Breite «eine Fülle von [...] Walen»[70] angetroffen?

Man darf sich keine Illusionen machen – der «Sturm auf den Südpol»[71] hatte seinen Ursprung in menschlicher Begehrlichkeit. Und weil sie Orientierung braucht, nahmen bald ganze Geschwader Kurs auf die unausgebeutete Gegend. Wollten die einen – wie der Brite James Weddell, der 1823 auf 74° 15' südlicher Breite geriet – vor allem Gründe für den Robbenfang an sich bringen, dann wollten die anderen – wie sein Landsmann James Clark Ross, den es 1842 auf 78° 10' südlicher Breite verschlug – insonderheit die Lage des Magnetischen Südpols bestimmen.

Und gewiß hätte diese Massenbewegung in die Antarktis manchen, der an ihr teilnehmen wollte, auf noch höhere Breiten befördert, wenn sie nicht durch die Suche nach John Franklin langfristig in die Arktis umgeleitet worden wäre. Noch 1895 hatte der Mentor der Südpolarforschung, Georg von Neumayer, beinahe resigniert, als er auf dem XI. Deutschen Geographentag in Bremen sprach. «Wenn man so, wie ich

Carsten Eggeberg Borchgrevink

es gethan habe, unermüdlich und bei jeder Gelegenheit auf die Bedeutung des Gegenstandes hingewiesen hat, ohne daß ein wesentlicher Erfolg zu verzeichnen wäre, so kann man sich begreiflicherweise nur schwer dazu entschließen, aufs neue eine Lanze zu brechen für die im allgemeinen in ihrer Bedeutung nur wenig verstandene Sache.»[72]

Zuversichtlicher klang die Erklärung, die von Neumayer im selben Jahr auf dem 6. Internationalen Geographischen Kongreß in London erwirken konnte und in der es hieß, «daß die Erforschung der antarktischen Regionen die wichtigste geographische Arbeit ist, die noch auszuführen bleibt»[73].

Einer der begeistertsten Befürworter dieser Resolution war der – buchstäblich wie Jules Vernes Held Phileas Fogg im Kampf um jede Minute – aus Melbourne angereiste Carsten Eggeberg Borchgrevink. Er war Norweger und ein Spielfreund von Amundsen in Kristiania – doch was prägender war: er hatte 1894 seine Stellung als Lehrer in Australien gekündigt und sich als Matrose auf der «Antarctic» des Unternehmers Svend Foyn verdingt. Auf ihr war er ins Rossmeer eingeschwenkt und hatte am 24. Januar 1895 zusammen mit fünf Kameraden bei Kap Adare als erster – wenn auch «nur einige Stunden»[74] – seinen Fuß auf den Boden der ausdauernd berannten «terra australis» gesetzt: ein kleiner Schritt für einen Mann, aber ein Riesensprung für die Menschheit! Sein Erlebnis war so intensiv und die ihm gezollte Bewunderung so extensiv, daß Borchgrevink sich 1898 von Kristiania aus auf der «Southern Cross» zu einer eigenen Sondierung in der Antarktis aufmachte. Und während noch im Osten de Gerlache vor Grahamland darum kämpfte, die «Belgica» freizusprengen und -zusägen, ließ sich im Westen[75] Borchgrevink – wiederum bei Kap Adare – zu einer Überwinterung an Land rudern. Er blieb dort fast ein Jahr, bis zum Februar 1900, und inspizierte anschließend die von James Clark Ross entdeckte Große Eisbarriere unweit des Magnetischen Südpols. Er hielt sich «in ehrerbietigem Abstand»[76]; doch da sich am 17. Februar «in ungefähr 164 Grad westlicher Länge»[77] ein Riß in der Mauer auftat, gab er Order, das Schiff vorsichtig hineinzulenken und die Anker auszubringen. «Die ‹Southern Cross› lag scheinbar in dem sichersten Hafen der Erde, Tausende von Meilen von Australien, ganz unten an der südlichsten Grenze des Ozeans.»[78]

Als Roald Amundsen dies 1906 nach seiner Rückkunft von der Nordwestpassage las – mußte es ihm nicht wie die Beschreibung eines zweiten «Gjöahafens» vorkommen? Und welche Gefühle bewegten ihn, als er weiter vernahm, daß Borchgrevink die weißen Klippen betreten und auf ihnen nach Süden gelaufen war? Später sagte er: *Wir müssen anerkennen, daß Borchgrevink […] für die nachfolgenden Südpolforscher das größte Hindernis aus dem Wege geräumt hat.*[79] Als Erster hatte sich

Am 2. März 1899 legt die «Southern Cross» von Kap Adare ab und läßt Carsten Borchgrevink zusammen mit neun Gefährten in dem ersten je in der Antarktis errichteten Haus zurück. Der Union Jack weht zu Ehren des Mäzens des Unternehmens, George Newnes

Am 29. September 1899 hatte der Gönner Robert Falcon Scotts, der Präsident der «Royal Geographical Society», Clements Markham, in einem Vortrag in Berlin erklärt: «In letzter Zeit ist bei der Fortbewegung auf polaren Breiten sehr viel Vertrauen in den Gebrauch von Hunden gesetzt worden. Dennoch ist das, was mit ihnen erreicht wurde, gar nichts im Vergleich zu dem, was Männer ohne Hunde vollbrachten.» Es sollte Scott eines Tages zum Verhängnis werden, daß er sich an solcher Huldigung des heroischen Humbugs orientierte und nicht an den praktischen Erfahrungen zum Beispiel Fridtjof Nansens. Der dürfte bei der Lektüre von Scotts «The Voyage of the ‹Discovery›» (1905) nur laut lachend oder entsetzt das Foto betrachtet haben, auf dem eine Abteilung von Scotts Leuten sechsspännig und ohne Skier durch den Tiefschnee nach Kap Crozier zieht

Borchgrevink auf dem antarktischen Festland etabliert, als Erster hatte er dort den Weg zum Südpol eingeschlagen, und als Erster hatte er nach mehr als einem halben Jahrhundert die Wendemarke von James Clark Ross überschritten – und 78 ° 50 ' südlicher Breite erreicht. Er war in der Tat ein Bahnbrecher; und deshalb dauerte es nicht lange, daß ihm andere folgten. «Auf zum Südpol!»[80] hieß die Losung. Da mochten der Deutsche Erich von Drygalski, der Schwede Otto Nordenskjöld, der Schotte William Speirs Bruce und der Franzose Jean Baptiste Charcot eine Unzahl von magnetischen Beobachtungen anstellen und eine Unmenge von mineralogischen Sammlungen anlegen – das Rennen zum Südpol war im Begriff, zu einem Selbstzweck auszuarten.

Das wurde durch nichts schlüssiger bestätigt als durch die Schlittenreise, die der Engländer Robert Falcon Scott zum Auftakt seiner Antarktis-Expedition 1902 mit den beiden Begleitern Ernest Henry Shackleton und Edward Adrian Wilson gemacht hat. Scott hatte am Westrand der großen Barriere, im McMurdo-Sund, unterhalb der Vulkane Erebus und Terror, eine Station aufgebaut und in ihr vom April bis zum August den Winter jener Zonen verbracht, ohne dabei der Forschung nennenswerte Anteilnahme zu schenken. Er hatte insgeheim etwas anderes im Sinn: «Er hielt es […] für das wichtigste, auf der Fahrt nach Süden einen Rekord aufzustellen.»[81] Indem er daher sein Augenmerk starr auf dieses Ziel richtete, hatte er keinen Blick für das Naheliegende – für die sachgerechte Durchführung der Tour. Er experimentierte statt dessen konzeptionslos mit Schlitten, Hunden und Skiern und ließ darüber die Sorgfalt bei der Ernährung seiner Leute schleifen, so daß etliche von ihnen an Skorbut erkrankten. Der Ruf «Auf zum Südpol!» war stärker als jeglicher Appell an die Vernunft. Wer fragte hernach, in welchem Verhältnis Aufwand und Ertrag zueinander standen; wer (vor Roland Huntford 1979) prüfte die Ungereimtheiten in der Beziehung zwischen Scotts «The Voyage of the ‹Discovery›»[82] und seinen Tagebüchern; und wer sah hinter allem Heroismus die Stümperei – wo sich doch der Engländer am 30. Dezember 1902 auf 82 ° 17 ' südlicher Breite befunden hatte?[83]

So falsch am Ende die Behauptung blieb, daß der sechste Kontinent «unerforscht» sei, so richtig war sie auch wieder. Denn die säkulare Geschichte der Erkundung der Antarktis war durch patriotische Phrasen außerhalb der Wissenschaft letzthin immer rabiater in Vergessenheit gedrängt worden. Allenthalben wartete man auf einen Sieger, einen Nationalhelden, dem es gelungen sein würde, nicht etwa die interessanteste Naturbeschreibung aus dem Reiche der Pinguine heimzubringen, sondern die Fahne seines Landes am Südpol aufzupflanzen.

Daß Roald Amundsen in solchem Geist zu Hause als «Entdecker des Magnetischen Nordpols»[84] ausgerufen wurde, war zwar nicht fair, indes zum Ruhm von König, Volk und Vaterland konsequent. Und es verlieh dem Gefeierten die Chuzpe, nach dem Magnetischen Nordpol sogleich den entsprechenden Südpol – adäquat formuliert – in Angriff zu nehmen. «Unmittelbar nach der Rückkehr von seiner erfolgreichen Reise nach dem Magnetischen Nordpol und der ersten Durchfahrung der Nordwestpassage hat sich der Norweger Raoul [sic!] Amundsen zu einer neuen Expedition entschlossen, welche die Feststellung des Magnetischen Südpols zum Ziele haben soll, der nach Berechnung unter 73 ° 39 ' s. Br. und 146 ° 15 ' ö. L. angenommen wird.»[85]

Das klang wie die Bekanntgabe eines geophysikalischen Projekts, war aber die Meldung zu einem Wettkampf.

Abfahrt zum Nordpol...

Nachdem Roald Amundsen die Teilnahmeerklärung zum antarktischen Kräftevergleich abgegeben hatte, begann er, aus seiner weltweiten Popularität Kapital zu schlagen. Er schrieb das Buch über seine Expedition, *Die Nordwest-Passage*; er verfaßte – wie für «Harper's Monthly Magazine» in New York[86] – erzählerische Beiträge über die Fahrt ins Polarmeer und ging mit handkolorierten Lichtbildern im Gepäck auf Vortragstournee durch Europa: er sprach am 11. Februar 1907 vor der «Royal Geographical Society» in London, am 25. Februar vor der «Société de Géographie» in Paris und am 2. März in Gegenwart Kaiser Wilhelms II. vor der «Gesellschaft für Erdkunde» zu Berlin.

Dennoch – trotz aller akademischen Verbrämung, trotz all der überreichten Gold- und Silbermedaillen[87] und trotz aller Ehrenmitgliedschaften und festlichen Reden vermochte Roald Amundsen, weniger als Mann der Wissenschaft zu begeistern denn als Abenteurer. Pauline Klaibers Übersetzung von *Nordvestpassagen (Die Nordwestpassage)* erschien – bezeichnend genug – nicht wie die meisten Entdeckerberichte jener Tage im F. A. Brockhaus Verlag in Leipzig, sondern in Albert Langens «Verlag für Litteratur und Kunst» in München – und zwar 1908 beispielsweise neben Dostojewskijs «Die fremde Frau und der Mann unterm Bett» sowie Selma Lagerlöfs «Schwester Olives Geschichte», neben Robert Hessens Beiträgen zur Psychologie des deutschen Mädchens «Glück in der Liebe» sowie Ludwig Thomas und Reinhold Geheebs Anthologie «Die 411 besten Witze aus dem Simplicissimus».[88] Die Leser dieses Programms aber stellten schwerlich die Zielgruppe für erdmagnetische Datensammlungen dar; wie umgekehrt diejenigen, die deren Interpretationen brauchten, sich vertrösten lassen mußten. «Die Reduktion dieser Messungen ist noch nicht beendet, so daß über das Resultat derselben noch keine Mitteilungen gemacht werden konnten.»[89]

Die Klage über das Ausbleiben der Forschungsergebnisse entwickelte sich bereits zu einem Topos – «Wir benötigen dringend die Observationen»[90] –, da enthob Fridtjof Nansen seinen Landsmann jeder Fachbeurteilung. Er, der seinen Schüler 1901 in concreto angehalten hatte, «ozeanographische Beobachtungen anzustellen»[91] und die Bestimmung des

Einbandzeichnung zu Roald Amundsens «Die Nordwest-Passage» von Wilhelm Schulz, der im Albert Langen Verlag nach Aussage von dessen Leiter «für stimmungsvolle Bilder» zuständig war

Magnetischen Nordpols «nicht aufzuschieben»[92], rühmte in abstracto 1907 mit Amundsen den letzten Repräsentanten eines Siegertypus, vor dem der englische Lyriker Alfred Tennyson erschaudert war. Wesen jener Art beherrschte – hatte der Dichter 1833 gesagt –

«ein gleiches Naturell hero'schen Sinns:
von Zeit und von Geschick geschwächt, doch stark
im Streben, Suchen, Finden – nicht im Ruh'n»[93].

Daß Fridtjof Nansen den Titel des Poems, «Ulysses», nicht genannt hat, mag einerlei sein; als pikant indessen sollte sich in Kürze erweisen, daß er Roald Amundsen mit Odysseus verglich, den doch Homer «an List unerschöpft»[94] fand…

Freilich blendet die Ausstrahlung der Lichtgestalt oft den Blick der Adoranten. Und so übersah man die Informationsdefizite und strich den Bezwinger der Nordwestpassage heraus. Das Parlament bewilligte ihm eine Spende von vierzigtausend Kronen; und als sich am 17. Mai 1907 wieder einmal der norwegische Nationalfeiertag jährte, das Jubiläum der

Annahme des Grundgesetzes im Jahre 1814, hielt Roald Amundsen auf dem Festungsplatz in Kristiania die Hauptansprache an die Bürger.

Abermals, fing er an, *ist der Frühling bei uns eingezogen. Busch und Bäume schlagen aus. Es grünt auf Äckern und Wiesen. Die lichten Nächte legen ihren Dämmerschein über Wald und Flur; und die Mitternachtssonne beginnt, ihren Märchenglanz über die Küste von Finnmark zu gießen.*[95] Dieses Erwachen des Landes empfahl der Rhetor nachzuahmen durch die Erweckung seines Volkes, das sich nach dem Gewinn der Unabhängigkeit von Schweden wie die Natur zu Wachstum und Lebenslust entfalten sollte. *Dabei müssen wir uns vor Augen halten, daß es keinen Mann und keine Frau gibt, und sei ihre Stellung noch so gering, der oder die nicht an der Arbeit zum Wohle unsres Vaterlandes teilnehmen kann. Zu dieser Arbeit taugen wir alle gleichviel, denn das Ziel ist dasselbe, auch wenn die Mittel und Wege verschieden sind oder sein mögen. Das hängt von der Kraft, dem Können und der Einstellung jedes einzelnen ab. Doch der, der den Dünger aufs Feld fährt und in die Erde hineinbringt, kann mit derselben Selbstverständlichkeit den Kopf in dem Bewußtsein hoch tragen, seinem Vaterland zu dienen, wie der Wissenschaftler, der das Problem gelöst hat, wie man Dünger aus Luft macht.*[96] Denn, und das war der Kern der Ausführung: *Der Staat ist wie der menschliche Körper, in dem eine Vielzahl von Organen pulsiert. Manche sind groß, und manche sind klein; aber jedes hat seine Arbeit zu tun [...].*[97]

Amundsens Weltbild war mit ungemischten Farben gemalt. Es zeigt eine organologische Sozialmechanik, in deren Konstruktionsprinzip Wechsel, Sprünge, Auf- und Abstieg, Konflikte genausowenig vorgesehen waren wie im Gesellschaftsverband einer Schiffsmannschaft. Sie war autoritär und konservativ; geistesgeschichtlich einzuordnen irgendwo zwischen Menenius Agrippas Fabel von dem Magen und den Gliedern und Käpt'n Ahabs egozentrischem Gestus; zweifelhaft immer dann, wenn Amundsen sie als republikanisch oder als freiheitlich ausgab[98]; und fatal, sobald sie einer in Frage stellte – doch auch das sollte der Odysseusgleiche erst in naher Zukunft beweisen...

Denn zunächst ließ der Wirbel um ihn nach. Er kaufte das Wohnhaus «Uranienborg» am – heute so geschriebenen – Bunnefjord; er bezahlte seine Schulden und sparte die nicht unbeträchtlichen Einkünfte aus seinen Publikationen. Daran, daß er angekündigt hatte, er wolle zum Magnetischen Südpol, wird sich der eine oder andere erinnert haben, als er in den Zeitungen las, daß Roald Amundsen an einem Lehrgang in Ozeanographie bei Björn Helland-Hansen in Bergen teilnahm. Größeren Unterhaltungswert hatten dagegen die Reportagen über den Besuch der englischen Königin Alexandra und der norwegischen Königin Maud bei dem seit ein paar Monaten verwitweten Fridtjof Nansen.

Amundsen erfuhr, wie schnell der Ruhm der Welt vergeht.

Aber er wußte auch, wie man die Gunst des Publikums wiedergewinnt.

Amundsens Wohnhaus am Bunnefjord. Es erhielt wie die Villa der Eltern in Kristiania den Namen «Uranienborg» – einen Namen, den der Entdecker 1904 auch zur Bezeichnung seines astronomischen Observatoriums in der Arktis verwendet hatte. Seit 1935 fungiert «Uranienborg» als Amundsen-Museum

Als daher die Morgenausgabe der Kristianienser «Aftenposten» am Mittwoch, dem 11. November 1908, mit der Überschrift aufmachte «Roald Amundsen entwickelt seinen großen Plan für eine Polarfahrt 1910–1917», hatte sich der Entdecker aufs neue in den Mittelpunkt des öffentlichen Interesses gebracht. Sei es im Jahrbuch der «Norwegischen Geographischen Gesellschaft»[99] oder sei es im Journal der «Royal Geographical Society»[100] oder sei es in den «Annalen der Hydrographie»[101] der Deutschen Seewarte – überall war nachgedruckt, was Roald Amundsen am 10. November 1908 vorgetragen hatte und was von den Schlagzeilen einen Tag später nicht deutlich gesagt worden war: Amundsen wollte in die Arktis.

Und kein Wort fiel mehr über die Antarktis.

Statt dessen referierte Roald Amundsen über die Beschaffenheit des Nordmeers, die klimatischen Bedingungen dort, den Gang der Wellen und des Eises, die Temperaturen und den Salzgehalt des Wassers, über Tiefseelotungen, die Entwicklung von Hilfsmitteln und Instrumenten, den Rhythmus der Gezeiten und der Winde, die magnetischen Kräfte vor Ort, über das Flammenspiel des Nordlichts. Kaum ein Phänomen und kaum ein Problem vergaß der Redner zu erwähnen und so dringlich zur weiteren Erforschung vorzuschlagen, daß er am Ende im Brustton der Überzeugung eines eingefleischten Erdkundlers zur Attacke blies auf den sportiven Wettlauf zum Pol: *Es gibt viele Menschen, welche glauben, daß eine Polarexpedition nur unnützer Verlust an Geld und Leben ist. Mit dem Begriff Polarexpedition verbinden sie in der Regel einen Gedan-*

ken an einen Rekord, zum Polpunkt oder am weitesten gegen Norden zu kommen, und in diesem Falle muß ich mich einig mit ihnen erklären.[102]

Erich von Drygalski

Expressis verbis reihte sich der Geowissenschaftler in die Phalanx der Fachkollegen ein, die der Münchner Ordinarius Erich von Drygalski zur selben Zeit gegen Leute wie Robert Edwin Peary und dessen Buch «Dem Nordpol am nächsten»[103] aufgebaut hatte: «Unsern Gefühlen ist es fremd, wenn Peary in der Einleitung zu dem vorliegenden Werk sagt: ‹Wenn hin und wieder die Meinung ausgesprochen wird, daß die Erreichung des Pols keinen Wert und [kein] Interesse hat, so möchte ich eines hervorheben: Sollte ein Amerikaner der erste sein, das Sternenbanner an der gepriesenen Stelle zu hissen, so würde es weder in der Heimat noch im Ausland einen amerikanischen Bürger geben – und es gibt Millionen von uns –, der sich nicht mit etwas größerer Freude und größerem Stolz daran erinnert, ein Amerikaner zu sein. Und allein diese Steigerung des Stolzes und Patriotismus von Millionen würde reichlich alle Opfer, die für [die] Erreichung des Pols gebracht sind, aufwiegen.›»[104]

Eingedenk solcher Perversion von Entdeckerfreude sagte Roald Amundsen: *[...] ich will auf das bestimmteste erklären, daß dieses – der Sturmlauf gegen den Pol – nicht das Ziel dieser Expedition sein wird. Der Hauptzweck ist ein wissenschaftliches Studium des Polarmeeres selbst oder genauer eine Untersuchung der Bodenverhältnisse und der ozeanographischen Verhältnisse dieses großen Beckens.*[105]

Und dann schloß er: *Mein Plan ist folgender: Mit ‹Fram›, ausgerüstet für 7 Jahre und einer tüchtigen Besatzung, verlasse ich Norwegen Anfang 1910. Der Kurs wird um Kap Hoorn auf San Francisco gesetzt, wo Kohlen und Proviant eingenommen werden. Von hier wird der Kurs nach Point Barrow, der Nordspitze von Amerika, gesetzt, wo ich im Juli–August zu sein hoffe. Von hier wird dann die letzte Nachricht in die Heimat gesandt werden, ehe die eigentliche Reise beginnt. Von Point Barrow beabsichtige ich die Reise mit möglichst kleiner Mannschaft fortzusetzen: Der Kurs wird N-NW-Richtung von hier gegen das Treibeis gesetzt, wo wir dann die günstigste Stelle aufsuchen, um weiter gegen Norden vorzudringen. Wenn diese gefunden sein wird, suchen wir so weit als möglich hineinzukommen und machen uns klar für vier- bis fünfjähriges Treiben über das Polarmeer. Auf unserer ganzen Reise dorthin gedenke ich ozeanographische Beobachtungen auszuführen, und von dem Augenblick an, wo das Fahrzeug im Eise festsitzt, beginnt die Reihe von Beobachtungen, durch die ich einige der bisher ungelösten Rätsel zu lösen hoffe. Was ich in den unbekannten Strichen des Polarmeeres zu finden gedenke, will ich bis auf weiteres dahingestellt sein lassen. Einige haben Theorien über große Ländermassen aufgestellt, andere über kleine. Und ich sollte wohl auch eine Theorie aufgestellt haben, aber ich finde es vernünftiger, damit zu warten, bis ich die Verhältnisse mehr in der Nähe untersucht habe.*[106]

Das war bescheiden und wirkungsvoll geendet.

König Haakon VII., der fein herausgehört hatte, daß hier vom wissenschaftlichen Studium als einem *Hauptzweck* gesprochen war – was demnach einen Nebenzweck und damit «die Erreichung des Pols» ja nicht ausschloß –, stiftete am nächsten Tag dreißigtausend Kronen. Zumal Fridtjof Nansen, der international geachtete Nestor der Arktisforschung, das Vorhaben begeistert protegierte. Er hatte auf seiner legendären Driftfahrt über das Nordmeer zwischen 1893 und 1896 bewiesen, daß der obere Scheitelpunkt des Globus eine nur gedachte Marke auf einer gigantischen Eisscholle ist, die auf einem der tiefsten Ozeane der Welt schwimmt. Jetzt wollte Roald Amundsen diese Reise nachmachen und ihre Ergebnisse bestätigen – und zwar mit jenem Schiff, das Nansen damals hatte bauen lassen, mit der «Fram». Es war vielleicht ein wenig Nostalgie dabei, als Nansen in Briefen, Empfehlungen und Eingaben für seinen «Freund Amundsen»[107] eintrat; aber mit Gewißheit hegte er die Hoffnung, dessen Expedition werde «besonders für die Geomorphologie und Ozeanographie»[108] der nördlichen Erdhalbkugel ertragbringend sein. So wurde die «Fram» nach einem Beschluß des Stortings auf Kosten des norwegischen Staatssäckels für fünfundsiebzigtausend Kronen überholt, sie erhielt einen stärkeren Auxiliarmotor, ihr Takelwerk wurde vergrößert, und an Deck entstand mehr Platz; ansonsten blieb sie unverändert. Daß der Ulixes redivivus sie, seinem Ruf gerecht werdend, demnächst als Trojanisches Pferd einsetzen würde, ahnte niemand...

Der Effekt des Vortrags hatte sich ohnehin so schnell verflüchtigt, wie er aufgetreten war. Denn während Roald Amundsen nun Geld- und Sachzuwendungen sammelte, den Umbau der «Fram» überwachte, Leute anwarb – und abwimmelte – und abertausend organisatorische Maßnahmen ergriff, verwarf und daraufhin erneuern mußte; während er sich in eine – notgedrungen oder willkommenermaßen – beiläufige Liebesaffäre mit Sigrid Castberg verstrickte, der Frau des Rechtsanwalts Leif Castberg aus Gjövik; und während er ferner mit Flugdrachen zum Transport von Mensch und Lasten experimentierte – während er folglich Dinge tat, die entweder im verborgenen blieben oder unspektakulär waren, meldeten andere Abenteurer und Entdecker von den Polen Sensationen.

Ernest Henry Shackleton, der Marschgefährte Scotts, hatte – was namentlich in der Heimat von Carsten Eggeberg Borchgrevink bedeutungsvoll war – jenen Eisfjord wiedergesehen, in den der Norweger einst eingefahren war: «Gegen Mitternacht des 23. Januar [1908] fanden wir uns plötzlich am Ende eines sehr hohen Teiles des Barrier; wir hielten uns parallel mit der Barrierküste und bemerkten dabei, daß wir in eine weite, seichte Bucht hineinkamen. Dies mußte wohl der Busen sein, in dem Borchgrevink 1900 landete, doch hatte sich der Charakter des Busens seit jener Zeit wohl stark verändert, denn der Forscher beschreibt ihn als ziemlich eng. Wir stellten dort unsere Position auf 78 ° 36 ' südlicher Breite und 164 ° 30 ' westlicher Länge fest.»[109] Shackleton nannte den Einschnitt «Bay of Whales»[110], «Bucht der Wale». Dann dampfte er mit der «Nimrod» weiter, überwinterte gleich Scott, dessen alte Kate er zuweilen benutzte, im McMurdo-Sund und erreichte von hier aus am 9. Januar 1909 bei 88 ° 23 ' die südlichste jemals von einem Sterblichen betretene Breite. Eine andere Abteilung seiner Mannschaft unter dem Australier Douglas Mawson gelangte eine Woche später zum Magnetischen Südpol.

Damit konnte Amundsens Wendemanöver vom November 1908 im nachhinein nur als glücklich bezeichnet werden. Denn bei dem planerischen und faktischen Vorsprung des Shackleton-Teams wäre er unausweichlich als Zweiter am Magnetischen Südpol eingetroffen – ein Szenario, das wiederum seine Absage an alle Sprints und Spurts um geographische Siegestrophäen bestätigte und seine Selbstverpflichtung zur seriösen Profession um so mehr sanktionierte. Was focht es einen Meteorologen an, daß die Agenturen am 1. September 1909 die Depesche hinausdrahteten, Frederick Albert Cook, der Mitstreiter von der «Belgica», habe 1908 den Nordpol erreicht. Was machte es einen Ozeanographen schwanken, daß dieselben Büros am 7. September die Nachricht telegraphierten, Robert Edwin Peary, der Amerikaner, habe 1909 desgleichen auf der Kuppe der Erde gestanden? Und was konnte es einen Geomorphologen erschüttern, daß dieselben Dienste in ihrem Polarrausch am 13. September in alle Welt kabelten, Scott werde 1910 eine Expedition zum Südpol veranstalten?

So still, daß es heute nicht nachvollziehbar ist, bereitete der Norweger seine Testreihen vor. Und nur beiläufig ließ er einmal durchblicken, daß Wissenschaftler *möglicherweise den Pol als sekundäres Ziel*[111] vor Augen haben könnten.

Aber wer hörte schon unter lauten Paukenschlägen die leisen Töne? Wer wunderte sich ernsthaft darüber, daß Amundsen von einem der Handwerker, welche die Villa «Uranienborg» umgebaut hatten, ein zerlegbares Holzhaus zimmern ließ (sollte das auf dem treibenden Eis der

Am Eingang zum McMurdo-Sund erheben sich im Osten zwei Vulkane: der erloschene Terror und der tätige Erebus. Diesen bestieg am 10. März 1908 eine Gruppe des Shackleton-Teams unter Leitung von Jameson Boyd Adams. Überwältigt berichtete sie: «Wir standen am Rande eines immensen Schlundes und konnten zunächst weder den Grund noch über den Krater hinweg sehen, da diesen enorme Dampfmassen füllten […].»

Arktis aufgeschlagen werden)? Und warum orderte er in Kopenhagen vierzehn Eskimoanzüge (hatte das nicht Weile, bis er um Kap Hoorn herum nach Alaska geschippert war)? Warum kaufte er bereits fünfzig ausgewählte Grönlandhunde (mochte er die Tiere wirklich zweimal der Gluthitze des Äquators aussetzen)? Und warum, was vollends unbegreiflich war, wich Amundsen, der im Nordpolarmeer driften wollte, unter ständig neuen Vorwänden einer Begegnung mit Scott aus, der ihn um einen Austausch von Erfahrungen bezüglich des Südpolarmeers bat?

Nach ihrem Besuch auf der «Fram» am 2. Juni 1910 verabschiedete Roald Amundsen neben dem Fallreep den König von Norwegen, Haakon VII., und dessen Frau, Königin Maud. In der Bildmitte, die Hand an der Mütze, steht Fridtjof Nansen, der zu dieser Zeit genausowenig wie das Monarchenpaar etwas davon wußte, daß Amundsen statt zum Nord- zum Südpol fahren würde

Vieles bei Amundsens Vorbereitungen ergab für die, die daran mitwirkten, keinen Sinn; doch sie vertrauten dem «Chef». Oscar Wisting dachte: «Allright, kommt Zeit, kommt Rat.»[112] Er hatte wie seine Kameraden einen Vertrag unterfertigt, in dem es an einer Stelle hieß: «Ich gelobe auf Ehre und Gewissen, dem Leiter der Expedition oder dem oder denen, die er zu Anführern bestimmt hat, in jeglicher Weise und für die gesamte Dauer der Tour gehorsam zu sein sowie allen mir gegebenen Befehlen pünktlich Folge zu leisten und alle Arbeiten, die mir [...] zugewiesen werden, zu übernehmen. [...].»[113]

Eingeschnürt in den Kontrakt mit einem ‹Republikaner› sui generis, eingekeilt zwischen der Ladung der «Fram» und zumeist eingelullt wie die Seeleute auf der «Forward» des Kapitäns Hatteras, fuhren achtzehn Männer unter dem Kommando Roald Amundsens am 7. Juni 1910 zum Kristianiafjord hinaus. Sie machten noch einen Abstecher nach Bergen, bevor sie am 6. September Funchal auf Madeira erreichten, wo sie ihre Vorräte ergänzten.

Am 9. September, am Abend, als die «Fram» klar zum Ankerlichten war, rief Amundsen die Besatzung an Deck und teilte ihr mit, daß er nicht zu einer Forschungsreise in die Arktis unterwegs sei, sondern zum Finale im Wettlauf nach dem Südpol.

Am Südpol nämlich lag seit langem sein singuläres Ziel.

...Ankunft am Südpol

Belogen hatte Roald Amundsen den König; die Öffentlichkeit hatte er getäuscht, die Fachwelt zum Narren gehalten, Fridtjof Nansen betrogen und Robert Falcon Scott hinters Licht geführt – und dies alles mit einer solchen Ausdauer und Unverfrorenheit, daß die reuevolle Zerknirschung, die er im nachhinein zeigte, dazu nicht paßte, sondern ein Teil des Versteckspiels wurde, das weiterging.

Denn nachdem die Mannschaft der «Fram» der geänderten Geschäftsgrundlage ohne Zögern zugestimmt hatte – «Als wir wieder Zeit zum Nachdenken hatten, hörte man überall: Warum hast du ja gesagt? Wenn du nein gesagt hättest, hätte ich es auch getan [...]; aber gesagt ist gesagt»[114] –, schickte Roald Amundsen seinen Bruder Leon, der als postillon d'intrigue nach Funchal gekommen war, mit Briefen an den König, die Presse und Nansen nach Hause.

In diesen Schriftstücken rechtfertigte Amundsen seinen Coup mit dem Zwang, Mittel aufzutreiben, die der Forschung fehlten. Seit den umstrittenen, aber vieldiskutierten Erfolgen von Cook und Peary sei das allgemeine Interesse an den nordpolaren Gefilden gesunken und damit auch der Zustrom von Geldern für die «Fram»-Fahrt versickert, so daß das gesamte Unterfangen Gefahr lief, an der Schwäche seiner Finanzen zugrunde zu gehen. Es bedurfte folglich *äquilibristischer Übungen*[115], um das Projekt mit den hierbei erzielten Erlösen zu retten. Die Reise zum Südpol sei deshalb *nur eine Erweiterung des Expeditions-Plans, keine Veränderung*[116]. Im übrigen gab Amundsen zu, darauf spekuliert zu haben, daß die Leute bei der Vorstellung seiner ursprünglichen Absicht annehmen würden, er werde den Nordpol erobern.

Entzückt über diese sagawürdige Durchtriebenheit eines Norwegers verzieh die Nation ihrem Trickster. «Abermals», dröhnte die Zeitung «Morgenbladet» am 2. Oktober 1910, «hat Roald Amundsen gezeigt, was es heißt, ein Mann der Tat zu sein.»[117] Und Fridtjof Nansen hoffte wiederum auf «höchst interessante Resultate»[118]; er ging sogar so weit, sich zum Komplizen seines Schützlings zu machen. Denn als Scott auf seiner Route nach Süden am 12. Oktober in Melbourne eine scheinbar redliche, in Wahrheit aber vieldeutige und somit tückische Nachricht des «Ruhmvollen» erhielt – *«Fram» unterwegs zur Antarktis*[119] – und als er am nächsten Tag in einem Telegramm bei Nansen nach den «Intentionen»[120] von dessen Schüler fragte, bekam er am 14. Oktober die unglaubliche Antwort: «Unknown»[121], «Unbekannt».

War es landsmännische Solidarität oder eine sowohl in der Arktis als auch im diplomatischen Dienst – Nansen war vor Jahren Gesandter in Großbritannien gewesen – erworbene Leidensfähigkeit, die ihn zu solcher Infamie hinriß? Schließlich fühlte er sich doch von Amundsen ausgebootet, nachdem er selbst seit 1896 «fix und fertige Entwürfe»[122] für eine Antarktis-Mission besessen und sich um 1907 mit der Absicht getragen hatte, einen Vorstoß zum Südpol zu wagen, und nur in Erwartung der von Amundsen versprochenen Ausbeute an meereskundlichen Erkenntnissen aus dem Nordpolarbecken von seiner Anwartschaft auf die «Fram» zurückgetreten war.

Wer garantierte überhaupt, daß Amundsen es diesmal ehrlich meinte?

Warum zum Beispiel hat er – wenn es ihm irgendwann um Wissenschaft gegangen sein sollte – bei seinem schmalen Budget nicht einfach das Unternehmen verschlankt? Warum streute er die Beteuerung aus, er könne *noch nicht mit Bestimmtheit sagen*[123], auf welchen Punkt er bei der Hinfahrt in die Antarktis zuhalten werde, obschon er ihn nach gründlichem Studium längst genau fixiert hatte? Warum suggerierte er in seinem Schreiben an Nansen vom 22. August fortgesetzt Schulden in Höhe von *etwa 150 000 Kronen*[124], obgleich es eine solche Deckungslücke nicht mehr gab? Warum teilte er auf denselben Seiten mit, er würde bei der Rückfahrt aus der Antarktis *Lyttleton auf Neuseeland*[125] anlaufen, obwohl er vorhatte, Hobart auf Tasmanien anzusteuern? Und last but not least: warum ist er – falls die Forschung jemals sein primäres Ziel gewesen sein sollte – nicht auf die angekündigte Reise gegangen, nachdem ihm Peter Christophersen die fehlenden Subsidien im Juli 1910 zugesichert hatte – also zu einer Zeit, in der bis auf wenige Eingeweihte kein Mensch von dem kalkulierten Wortbruch wußte?

Nein! Roald Amundsen verfügte über ein Südpol-Konzept, seit er in einem Beitrag zu Cooks «Belgica»-Bericht 1900 eine detaillierte *Anleitung zur Navigation im Packeis*[126] gegeben hatte. Darin hieß es: *Was für einen großen Vorteil würde es bieten, wenn man die Küste entlang führe! Häfen könnten da entdeckt werden, Stationen errichtet, Depots angelegt; und man hätte stets etwas, worauf man zurückgreifen könnte.*[127]

Diese beiden Sätze enthielten eine strategische Idee, die indessen so lange nicht zu verwirklichen war, wie ihr ein doppeltes Hindernis entgegenstand: auf der einen Seite konnte sich Amundsen weder den Bau noch den Kauf eines neuen Schiffes leisten, auf der anderen Seite wollte auch Fridtjof Nansen zum Südpol marschieren. Würde Nansen allerdings zu bewegen sein, Amundsen die «Fram» zu überlassen, wäre der Weg wieder frei.

Fram-Expeditionen

"Fram" 22 august 1910

Herr Professor Fridtjof Nansen.

Det er ikke med let hjerte, jeg senner Dem disse linjer, men der finnes ingen vei utenom, og derfor faar jeg likesaa gott gaa like paa.
Da efterretningen fra Cook og senere fra Peary innlöp ifjor höst om deres færder til nordpolen, forstod jeg med engang, at dette var döds-stötet for mit foretagenne. Jeg innsaa straks, at jeg efter dette ikke ville kunne paaregne den ökonomiske stötte, jeg tiltrænkte. At jeg hadde ret herfi viser stortingets beslutning av mars - april 1910, hvorved det avslog mit andragenne om en merbevilgning av kr. 25000.
At opgi mit foretagenne faltt mig ikke et öieblik inn. Spörsmaalet blev da for mig, hvad jeg skulle gjöre for at skaffe de nödvendige midler.
At tilveiebringe disse uten at gjöre noe var ikke at tænke paa. Noe, som kunne vække det store publikums interesse maatte gjöres. Paa den maate alene ville det bli mig mulig at realisere min plan. Kun et problem staar igjen at löse innen polaregnene, som kan gjöre regning paa at vække den store masses interesse, det at naa sydpolen. Kunne jeg utföre dette visste jeg, at midlerne for min planlakte færd ville være sikret.

Die erste Seite von Roald Amundsens Brief vom 22. April 1910 an Fridtjof Nansen, entgegen der Gewohnheit des Verfassers mit der Maschine geschrieben. Der Brief endet mit den Worten: «Und so bitte ich Sie um Entschuldigung für das, was ich getan habe. Möge meine künftige Arbeit dazu beitragen zu sühnen, was ich gefehlt habe.»

Wenn man bedenkt, wie sehr «an List ungeschwächt» Roald Amundsen war und wie viele Fragen seine Ausflüchte evozierten, dann spricht manches dafür, daß er sein Schelmenstück *Zur Erforschung des Nordpolarbeckens*[128] inszeniert hat, um zunächst Nansen und später Scott zuvorkommen.

Fridtjof Nansen

Und weil nun der erste Streich gelungen war, holte er zum zweiten aus. Er wendete am 9. September 1910 den Kiel der «Fram» dorthin, wo Borchgrevink und Shackleton in der Eisbarriere des Rossmeers zu einer Bucht hineingesegelt waren, die den Vorzug hatte, «dem Pole zirka 150 Kilometer näher zu sein als irgendein anderer Platz, der mit dem Schiffe erreichbar war»[129]. Sie befand sich – nach den Worten des Wettkampfteilnehmers Amundsen – *einen ganzen Grad südlicher, als Scott hoffen konnte, der im Mc. Murdo-Sund seinen Standplatz haben sollte*[130].

Beschwingt von der Aussicht, dem Konkurrenten von Anbeginn voraus zu sein, und beflügelt von günstigen Winden, fuhren die neunzehn Männer in Gesellschaft von hundert Hunden, von Schweinen und Hühnern, von Katzen und Schafen sowie dem Kanarienvogel «Fridtjof» wie auf einer heiteren Arche den Tropen entgegen. Sie vollzogen in gehobener Stimmung die Äquatortaufe, warteten und verfeinerten ihre Ausrüstung, aßen reichlich und gut, lasen in den dreitausend Büchern an Bord alles über den Südpol und vergnügten sich an den Klängen des Cakewalks aus ihrem Grammophon. Ein «Kinderspiel» schien die Mission tatsächlich zu werden. Thorvald Nilsen hatte bei Annahme einer Strecke von dreißigtausend Kilometern veranschlagt, daß die Eismauer am 15. Januar 1911 vor ihnen auftauchen müßte. Und da sie an etlichen Tagen mehr als dreihundert Kilometer hinter sich brachten, mochte seine Prognose im Bereich des Machbaren liegen. Sie feierten Weihnachten bei Punsch und Schmalzgebäck und entspannten sich an Silvester – *es ging uns wirklich ausgezeichnet*[131]. Und die Moral der Besatzung stieg noch, als sie kurz nach Neujahr den antarktischen Packeisgürtel, der so viele ihrer Vorgänger zurückgeworfen oder aufgehalten hatte, in nur einer halben Woche durchschnitten und bald darauf den Kristallwall vor sich hatten.

Am 13. Januar 1911 – *einen Tag früher als berechnet*[132] – öffnete sich steuerbords die Bucht der Wale. Die Reise zu ihr war ein Meisterstück gewesen. Jetzt stand alles zum besten. Die Hunde waren gesund; und die Männer steckten voller Tatendrang.

Sie entluden die «Fram» und errichteten ‹land›einwärts ein Lager, «Framheim», in dessen Mitte Jörgen Stubberud die Teile jenes Hauses zusammenfügte, das er am Bunnefjord schon einmal aufgebaut hatte.

Die beiden Räume waren eben fertig geworden, da trauten die Abenteurer ihren Augen kaum: im Morgengrauen des 3. Februar dümpelte ein zweites Schiff in der Bucht der Wale. Es war Scotts «Terra Nova», die unter Victor Campbell im Osten King-Edward VII-Land vermessen sollte, dort aber keinen Anlegeplatz gefunden hatte und nun auf dem Weg nach Kap Adare war. Amundsen lud die Engländer ein, sich bei «Framheim» niederzulassen, doch sie drängten zur Weiterfahrt. So kam es bloß zu Stippvisiten. *Wir verbrachten ein paar recht gemütliche Stunden miteinander, und später am Tage machten drei von uns auf der Terra Nova einen Besuch und blieben zum Gabelfrühstück.*[133] Alle Courtoisie konnte schwerlich überspielen, daß die Begegnung ein Sich-Belauern und -Abschätzen war: Amundsen versuchte mit Pokerface herauszubringen, ob sich die von den Engländern mitgeführten Motorschlitten bewährten; und die Engländer bemühten sich, hinter gefrorenem Lächeln zu verbergen, wie sehr sie durch den Anblick von Amundsens vorgeschobenem Posten gelähmt waren. Nun wußten sie – Scott sollte es am 22. Februar

Ein faszinierendes Dokument! Am 3. Februar 1911 begegnen sich die Schiffe der beiden konkurrierenden Südpolar-Mannschaften in der Bucht der Wale: links die «Terra Nova» – rechts, an der Großen Eisbarriere, die «Fram»

Robert Falcon Scott

einem Brief Campbells entnehmen –, welche «Intentionen» Amundsen hatte. Tryggve Gran aus Bergen, der zu dem fünfundsechzig Mann starken Aufgebot der Engländer gehörte, schrieb in sein Tagebuch: «Ich glaube, nach dem, was ich gesehen habe, stehen Amundsens Chancen besser als unsere»[134]; wohingegen Scott seine Wahrnehmung verdrängte und beschloß, so zu tun, «als wenn ich nichts von Amundsen wüßte»[135]. Doch dann gestand er: «Es fällt mir schwer, meine Gedanken von den Norwegern dort in der Bucht fernzuhalten.»[136]

Von solchem Selbstzweifel nicht angekränkelt, hatte Amundsen – die «Fram» war unterdessen mit einer zehnköpfigen Besatzung zur Erforschung des Atlantiks zwischen Südamerika und Afrika abgedampft – damit begonnen, auf 165 ° westlicher Länge bei 80 °, 81 ° und 82 ° südlicher Breite tonnenweise Hilfsgüter und Verpflegung zu Warten aufzuschichten. Dann igelte er sich mit den verbliebenen acht Gefährten in «Framheim» ein und verbrachte den antarktischen Winter unter Anwendung einer abwechslungsreichen Beschäftigungstherapie. Sie bestand aus den Strapazen akribischer Naturbeobachtung im selben Umfang wie aus dem Genuß von Adolf Henrik Lindströms Haute Cuisine. «Heute wurde», schwärmte Hjalmar Johansen am 11. April, «ein feines Mittagessen serviert, mit Hühnersuppe und gegrillter Kalbsbrust, Spargel, Pudding zur Nachspeise, Schnaps, Portwein, Saftwasser, Kaffee und Benediktiner-Likör.»[137]

Es wird immer die Schande von Amundsens brillanter Expedition sein, daß er diesen Gastrosophen, Hjalmar Johansen, auf ihr desavouiert hat. – Als Amundsen nach dem Anbruch der Frühlingszeit mit seinen Begleitern am 7. September 1911 – nur Lindström hatte die Stellung in «Framheim» gehalten – zum Angriff auf den Südpol vorgerückt war, verschlechterte sich das Wetter mit Temperaturen um –56 Grad so sehr, daß er den Rückzug befahl. Hierbei nun verlor er aus Gründen, die bis heute nicht geklärt sind («wohl aus Angst, selbst in Lebensgefahr zu geraten»[138]), kurz vor «Framheim» die Nerven und legte ein solches Parforcetempo vor, daß Kristian Prestrud und Johansen samt ihren Gespannen nicht mithalten konnten und weiter und weiter zurückfielen. Beide waren aufs äußerste erschöpft und hatten, da die notwendigen Gerätschaften mit den Schlitten der Vorangeeilten entschwunden waren, keinerlei Möglichkeit, sich zu wärmen. Zu allem Übel war Prestrud angeschlagen; und so verdankte er es allein dem Beistand Hjalmar Johansens, daß er das Lager nach Mitternacht[139] des 16. September mit letzter Kraft erreichte. Als Johansen, der 1895/96 mit Fridtjof Nansen auf Franz-Joseph-Land überwintert hatte und wußte, was eine Notgemeinschaft bedeutet, am Morgen beim Frühstück Amundsens Handlungsweise mit den Worten kritisierte: «Dieses nenne ich keine Expedition, sondern Panik-

«Eines Abends, als wir eben beim Essen saßen, machte uns Lindström die Mitteilung, daß wir jetzt nicht mehr aufs Meereis hinunterzugehen brauchten, die Seehunde kämen zu uns herauf. Rasch eilten wir hinaus. Und siehe da! nicht weit von der Hütte entfernt kam ein Krabbenfresser, der wie Silber in der Sonne glänzte, daher. Wir ließen ihn dicht herankommen, dann wurde er fotografiert und – erschossen.»

Zur Erinnerung an Hjalmar Johansen beauftragte seine Heimatstadt Skien den Osloer Bildhauer Wilhelm Rasmussen mit der Herstellung eines Denkmals. Es wurde am 21. September 1958 im Park des Ortes enthüllt. Eine Tafel am Sockel des Monuments weist lediglich auf Johansens Teilnahme an der Arktis-Expedition von Fridtjof Nansen hin

mache! Es ist unüblich, daß sich ein Leiter von seinen Leuten trennt»[140], erkannte der «Chef», daß da ein Widerspruch laut wurde zu seiner Auffassung vom reibungslos ineinandergreifenden Gangwerk einer ‹Republik›: da wurde nicht eine einzelne Fehlleistung bemängelt, keine Entgleisung gerügt oder ein Irrtum angeprangert, sondern ein Denkgebäude erschüttert, ein Weltbild gestürmt – da wurde aus dem Vergleich mit Fridtjof Nansen ein Ausfall ad personam vorgetragen. Und es durchfuhr Roald Amundsen: *hier muß augenblicklich ein Exempel statuiert werden*[141]. Noch am selben Tag stellte er Johansen deshalb in einer Note von der Eroberung des Südpols frei; er betraute ihn mit Nebenaufgaben und isolierte ihn von seinen Kameraden. Gebrochen entgegnete Johansen – ebenfalls schriftlich –, daß er Amundsens Reaktion als «kränkend und verletzend»[142] empfinde, und diagnostizierte damit eine seelische Verwundung, die niemals mehr ausheilen sollte.

Aber, wie hatte Amundsen gesagt? *Unser Ziel war, den Pol zu erreichen, alles andere war Nebensache.*[143]

So vermochte er gar, aus dem Aufruhr Nutzen zu ziehen: er verringerte den Südpol-Troß um drei Mann. Und derweil Robert Falcon Scott im McMurdo-Sund fassungslos die ersten Verluste seiner Ponies beklagte und defaitistisch um die Betriebstüchtigkeit seiner Schneeraupen bangte, begab sich Roald Amundsen selbstbewußt und zuversichtlich – und um die letzte Bürde erleichtert – am 19. Oktober 1911 mit zweiundfünfzig Hunden auf den Weg zum Südpol. Bei ihm waren Olav Bjaaland und Helmer Hanssen, Sverre Hassel und Oscar Wisting. *Ich glaube, Lindström stand nicht einmal unter der Tür, um uns abfahren zu sehen. So ein alltägliches Ereignis! Wer macht sich da noch was draus!*[144]

In der hochgestimmten Erinnerung an seinen Siegeszug – sie bildet den geringsten Teil von Amundsens fast tausend Seiten umfassenden Expeditionsbericht – entsteht wahrhaftig der Eindruck, dies sei nurmehr ein neuer Cakewalk gewesen.[145] Denn spielend fanden die fünf ihre Proviantniederlagen auf 80 °, 81 ° und 82 ° südlicher Breite wieder, und wohlgerüstet stießen sie deshalb am 6. November ins Unbekannte vor: manch einer von ihnen setzte sich auf die Schlitten, welche die Tiere wie tollwütig zogen, während sich Roald Amundsen auf seinen Skiern nach 85 ° 05 ' südlicher Breite – *also 560 km*[146] – ins Schlepptau nehmen ließ. Dann trafen sie auf die Ausläufer des Transantarktischen Gebirges, in das sie über den Axel-Heiberg-Gletscher einstiegen, bis sie bei einer Höhe von ungefähr dreitausend Metern jenes Plateau vor sich hatten, auf dem sie in schnurgerader Richtung zum Südpol dahinpreschen konnten. Das Wetter war wechselhaft und der Boden zuweilen wegen der zahlreichen Schächte und Schluchten und Schründe nicht geheuer, dennoch

Das Vorratslager am Fuß des Transantarktischen Gebirges auf 85° 07' südlicher Breite. Der Tag ist der 16. November 1911

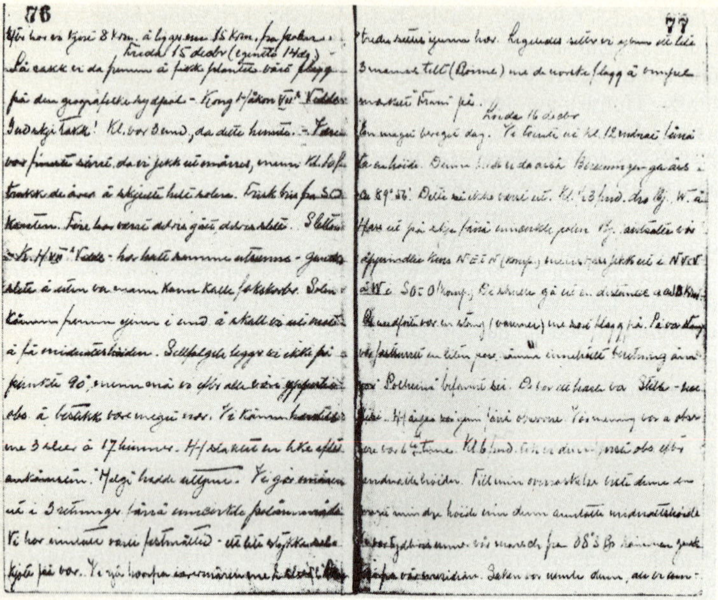

Das Tagebuch Roald Amundsens mit den Aufzeichnungen zum 15. bzw. 14. Dezember 1911. Auf der linken Seite heißt es in den Zeilen 2 bis 4: «So sind wir denn jetzt angekommen und konnten unsere Fahne am geographischen Südpol aufpflanzen. – König-Håkon VII.-Hochland – Gott sei Dank! Es war 3 Uhr, als es geschah.»

blieb ihre durchschnittliche Marschgeschwindigkeit so enorm, daß sie es verantworten konnten, ab und an längere Pausen einzulegen, um zu verschnaufen. Dessenungeachtet überschritten sie bereits am 7. Dezember die südliche Breite von 88° 23', Shackletons Rekordmarke, an der sie eine norwegische Flagge entrollten. *Kein einziger Augenblick auf der ganzen Fahrt hat mich so ergriffen wie dieser. Die Tränen traten mir in die Augen, ich konnte sie trotz Aufbietung aller meiner Kräfte nicht zurückhalten. Die flatternde Fahne dort war stärker als ich und meine Willenskraft.*[147]

Dann stoben sie bei strahlendem Sonnenschein weiter. *Was würden wir am Pol zu sehen bekommen? Eine endlose, große Ebene, die kein menschliches Auge je geschaut, kein menschlicher Fuß je betreten hatte? Oder – oder? – Nein, nein, das war eine Unmöglichkeit! Bei der Eile, mit der wir vorgerückt waren, mußten wir das Ziel zuerst erreichen, darüber konnte kein Zweifel herrschen.*[148]

So flogen die Tage bis zum 12. Dezember, zum 13. Dezember dahin;

und als die Männer am 14. Dezember 1911 immer noch in vollem Lauf waren, blieb Helmer Hanssen plötzlich stehen und ließ den «Chef» an seinem kleinen Trupp vorüberjagen. Auf diese Weise traf Roald Amundsen als Erster am Südpol ein.

Ich kann nicht sagen – obgleich ich weiß, daß es eine viel großartigere Wirkung hätte –, daß ich da vor dem Ziel meines Lebens stand. Dies wäre doch etwas zu sehr übertrieben. Ich will lieber aufrichtig sein und gerade heraus erklären, daß wohl noch nie ein Mensch in so völligem Gegensatz zu dem Ziel seines Lebens stand wie ich bei dieser Gelegenheit. Die Gegend um den Nordpol – ach, ja zum Kuckuck – der Nordpol selbst hatte es mir von Kindesbeinen an angetan, und nun befand ich mich am Südpol! Kann man sich etwas Entgegengesetzteres denken?[149]

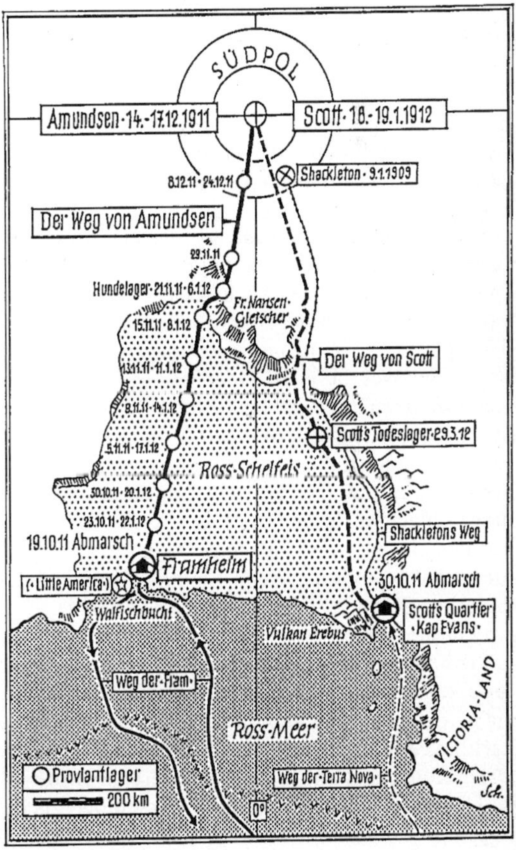

Amundsens und Scotts Route zum Südpol. Nach Hans-Otto Meissner, 1982 (modifiziert)

Scheitelhöhe

Konträrer als das – vorgetäuschte – Paradox der Bezwingung des Südpols durch einen Nordpolstrategen war im Vergleich zur glatten Einnahme jenes Ortes seine Räumung, die eine gespenstische gegenläufige Bewegung des norwegischen und des britischen Expeditionskorps auslöste: dort Cakewalk, hier danse macabre!

«Schon zu Anfang unseres heutigen Marsches waren wir sehr in der Klemme»[150], beginnt die Tagebucheintragung des smarten Gentleman Robert Falcon Scott am 17. Dezember 1911, demselben Datum, über das Roald Amundsen, der beinharte Fachmann, notierte: *Die Bahn war ausgezeichnet, und alle waren in froher Laune, so daß es hurtig vorwärts ging.*[151]

Seinen Zeitplan überholend, hastete Amundsen nach «Framheim» zurück, während Scott unter mannigfachen Stoßgebeten an ein böses Fatum – «Wir haben wirklich Pech!»[152] – ahnungsschwer auf die Mystifikation seiner Niederlage hinarbeitete. Dabei hatte er der heraufziehenden Katastrophe mit einer Aneinanderreihung logistischer Absurditäten selbst den Weg bereitet. Oder war es kein Wahnwitz gewesen, auf die Kettenfahrzeuge zu zählen? Nun hatte eines von ihnen die Eisdecke durchbrochen und war im Meer versunken; die beiden anderen hatte ein Kolbenschaden außer Gefecht gesetzt. Und war es kein Irrsinn gewesen, mit den Ponies zu rechnen? Nun waren sie teils verendet, teils mußten sie notgeschlachtet werden. Ja, war es keine Tollheit gewesen, vor sechs Tagen das einzige geländegängige Zugmittel, die Hundestaffel, nach dem McMurdo-Sund umkehren zu lassen? Nun schindete sich der Kommandant der «Terra Nova» mit vier Offizieren Schritt für Schritt in den Sielen eines Lastschlittens gen Süden. Freilich, als die Engländer den Pol am 18. Januar 1912 erreichten, rüsteten sich die Norweger längst zur Abreise aus der Bucht der Wale… Und Roald Amundsen tingelte bereits auf Vortragstournee durch Australien, als Edgar Evans in geistiger Umnachtung entschlafen, Lawrence Oates auf Nimmerwiedersehen in einen Orkan hinausgewankt, Henry Robertson Bowers entkräftet fortgerafft und Edward Adrian Wilson in den Tod hinübergefiebert war. Robert Falcon Scott hatte unter dem 29. März 1912 einen letzten Wunsch in sein

(Roald Amundsen, 17. Dezember 1911: «Leb wohl Polheim! Das war ein feierlicher Augenblick, als wir unsere Häupter entblößten und von unserem Heim und unserer Flagge Abschied nahmen.»)
Sieger…

…und Besiegte
(Robert Falcon Scott, 18. Januar 1912: «Nachdem wir alle unsere Observationen ausgerechnet hatten, stellten wir fest, daß wir noch ungefähr 6 Kilometer vom Pol entfernt waren – etwa 2 Kilometer geradeaus und 5 ½ nach rechts. Ziemlich genau in dieser Richtung erblickte Bowers ein Wegmal oder ein Zelt. Dieses Zelt haben wir eben erreicht.»)

Notizheft gekritzelt: «Um Gottes willen – sorgt für unsere Hinterbliebenen!»[153] Dem schottischen Dramatiker James Matthew Barrie aber hatte er zuvor in einem Abschiedsbrief den Sinn des Desasters gegeben: «Wir zeigen, daß Engländer noch kühnen Mutes zu sterben wissen, den Kampf bis ans Ende ausfechtend.»[154] So fand der Verlierer Trost in der Heroisierung seines Untergangs.

Roald Amundsen jedoch kostete die Klimax seines Lebens aus.

Nachdem die «Fram» ihr ozeanographisches Intermezzo im Südatlantik abgeschlossen hatte und wieder vor der Eisbarriere eingetroffen war, hatte er am 1. Februar 1912 angeordnet, das Schiff nach Tasmanien zu steuern, und – kaum an Bord – damit begonnen, Telegramme abzufassen und Aufsätze zu konzipieren, die sowohl als Redemanuskripte dienten wie auch den Grundstock seines noch im selben Jahr vorgelegten und in viele Sprachen übertragenen Reisewerkes *Sydpolen*[155] *(Die Eroberung des Südpols)* bildeten. Schnell sollte die Welt seine Großtat kennenlernen.

Hobart in Tasmanien wurde auf diese Weise der Punkt, an dem sich Roald Amundsens Triumphzug formierte. Pomp and circumstance! Und niemand außer der Besatzung merkte, in welcher Engherzigkeit der Gerühmte hier seine Rache an Hjalmar Johansen vollendete: er schickte ihn wegen Meuterei an Land und zwang ihn, getrennt von allen Kameraden nach Norwegen zurückzufahren.

Als Johansen den Hafen von Hobart am 20. März mit einem englischen Frachter verließ (nicht darauf gefaßt, daß ihn der «Chef» unterdessen in Einflüsterungen bei Fridtjof Nansen und der «Geographischen Gesellschaft» in Kristiania aufs übelste verleumdet hatte[156]), lichtete auch die «Fram» ihre Anker und nahm Fahrt auf nach Buenos Aires. Roald Amundsen trat einen Tag später einen kurzen Trip durch Australien an, vereinigte sich aber Ende Mai mit seinen Leuten in Argentinien, um die künftige Nutzung des Schiffes zu besprechen. Denn klang da nicht das Ehrenwort von 1908 herüber?... *beabsichtige ich die Reise mit möglichst kleiner Mannschaft fortzusetzen: Der Kurs wird N-NW-Richtung von hier gegen das Treibeis gesetzt, wo wir dann die günstigste Stelle aufsuchen, um weiter gegen Norden vorzudringen. Wenn diese gefunden sein wird, suchen wir so weit als möglich hineinzukommen und machen uns klar für vier- bis fünfjähriges Treiben über das Polarmeer.*[157]

So blieb Thorvald Nilsen vorerst bei der «Fram». Amundsen begab sich auf eine Estancia seines Wohltäters Peter Christophersen, um das Südpol-Buch abzuschließen. Die übrigen Angehörigen der Besatzung fuhren nach Hause. Und da der Leiter ihrer Expedition sein Traumziel manches Mal als eine *geheimnisvolle Schöne*[158] beschworen hatte – *Den Kuß sollst du erhalten, und wenn wir ihn mit dem Leben bezahlen müßten!*[159] –, war es ein hübsches Arrangement, daß sich die «Fram»leute am 1. Juli 1912 nach Bergen auf der «Venus» bringen ließen.

Das Ritual der Einholung der Eroberer war das übliche: ein Festemp-

5

ANTARCTIC EXPLORATION.

ARRIVAL OF THE FRAM.

CAPTAIN AMUNDSEN'S RETICENCE.

WON'T TALK ABOUT SOUTH POLE.

Capt. Roald Amundsen, with the other members of his expedition, arrived at Hobart yesterday afternoon in Nansen's old vessel, the Fram, from the Antarctic regions. Early in the morning a barquentine was signalled from Mount Nelson as having entered the river. This at first was thought to be the Iris from Adelaide, but when the vessel was within signalling range a message was received to the effect that she was the Fram, from the Bay of Whales, in the Ross Sea, well within the Antarctic Circle. Local interest was at once aroused, and knots of people shortly afterwards collected at the wharves in anticipation of the vessel coming alongside one of the piers. At noon the Marine Board's launch Egeria left its moorings with the Chief Health Officer (Dr. Sprott) and the Harbourmaster (Capt. M. C. McArthur). Shortly afterwards the Fram showed herself off Prince's Wharf, having come up the river under motive power. Those who had gathered were of opinion that, after the medical officer had granted pratique, the Harbourmaster would bring her alongside. But this was not to be, for as soon as the launch steamed away from her, the Fram was put about, and a few minutes later dropped anchor in Sandy Bay. When the launch arrived at the wharf it was found that the leader of the expedition, Capt. Amundsen, had come ashore alone. Capt. Amundsen was immediately driven to the office of the Norwegian Consul (Hon. James Macfarlane), and went through the correspondence awaiting him.

Capt. Amundsen was sought out by a "Mercury" reporter, but his questions fell on deaf ears. A visit was paid later in the afternoon to the Fram by a "Mercury" reporter. Pulling alongside, he asked that a rope or a ladder be lowered over the side, so that he could board the vessel, but his request only brought smiles to the faces of the good-humoured looking men who were lounging over the bulwarks. They at first professed ignorance of the English tongue, but the persistent queries of the reporter at last brought out the statement that they had

"Please don't bring in the Pole," replied Capt. Amundsen, "but say rather that when I got so near to the Antarctic regions, which I had already visited, I felt I must make another voyage there before turning to the northward."

When asked if he had seen or heard anything on his way back of Captain Scott's expedition, now nearly due at Lyttelton, New Zealand, on its return from the Antarctic, where it was Captain Scott's intention to make a "dash for the Pole" last summer, Capt. Amundsen replied in the negative. He expressed himself as very interested in what he had seen and heard of the Australasian expedition led by Dr. Mawson, and expressed the opinion that from what he had heard of him, Dr. Mawson should make a clever leader, and that the expedition should have valuable and interesting results.

In conclusion, Capt. Amundsen reiterated his regret that he was bound by pre-existing engagements not to give fuller information at present, and expressed the hope that he would be able to do so shortly.

A question as to the date on which the Fram, with Amundsen and his land party on board, left the base camp in the Antarctic to return to Hobart was decided by Capt. Amundsen, after consideration, to be trenching on dangerous ground, and he simply said he would be glad to give the full story as soon as he was able to do so, but could not anticipate.

HEALTH OF THE CREW.

The port officer of health (Dr. Sprott) stated yesterday that the crew of the Fram appeared to be all fit and well, and had evidently been well fed and cared for. As far as he could see, any hardships which they might have endured had left no permanent traces.

HAS SCOTT REACHED THE POLE?

A RUMOUR IN SYDNEY.

SYDNEY, March 7.

A press cablegram received from Wellington to-night reads: — "Amundsen wired to Sydney that Scott discovered the South Pole."

The Norwegian Consul in Sydney has received no such message, and although there it is reported that someone in Sydney has received a message to the same effect, efforts to locate it have so far not been successful.

GENESIS OF THE EXPEDITION.

THE CHANGE OF PLANS.

On August 10, 1910, it was announced that Captain Roald Amundsen had left Christiansand, in Norway, on an expedition to the Arctic regions in Nansen's old vessel, the Fram. It was stated that the Fram would proceed, via Cape Horn, to San Francisco, and then go through Beh-

Spuren der Ubiquität: am 8. März 1912 berichtet «The Mercury» in Hobart auf Tasmanien von Roald Amundsens Ankunft…

EL DIARIO — Jueves 23 de Mayo de 1912

J. M. SEMMARTIN
Trajes de saco á $ 85
161, CERRITO, 151

al cual contestó Amundsen con breves y sentidas palabras de agradecimiento.

Luego el señor Pedro Christophersen, pronunció en nombre de la comisión argentina, las siguientes frases:

"Me levanto impulsado por un sentimiento de vivo agradecimiento por el alto honor que el Exmo. señor presidente de la república del Uruguay se ha dignado dispensar á la comisión que ha venido á esta hospitalaria tierra para recibir al eminente explorador noruego, invitándola á este suntuoso banquete.

"El gobierno de la república al ofrecer esta grandiosa demostración al descubridor del Polo Sur que nuevamente ha arriesgado su vista y sacrificado sus intereses en aras de la ciencia, descorriendo el velo que ocultaba los misterios polares, ha dado una nueva prueba de su alta cultura que obliga toda nuestra gratitud.

"No sabría responder mejor á esta deferencia que levantar mi copa en honor de la República del Uruguay brindando por su prosperidad y por la felicidad personal del Exmo. señor presidente y de los ilustrados ministros que lo acompañan en el gobierno."

En el Viena—

Enorme concurrencia llenaba el vapor. Multitud de compatriotas del descubridor se embarcaron en Montevideo para escoltarlo hasta ésta, en unión de las numerosas personas que de aquí fueron á recibirlo y agasajarlo.

Hasta tarde de la noche permane-

AMUNDSEN EN MONTEVIDEO

de los señores Angers y Pedro Christophersen, siguiendo la caravana de los numerosos automóviles, que lucían siempre, en homenaje al ilustre huésped las banderitas argentinas y noruegas.

En el salón del hotel, donde se dirigieron todos los concurrentes, el capitán Amundsen, rodeado siempre de sus compatriotas, quedó departiendo aún durante largos momentos,

SIEMPRE EL MISMO
EL ANTIGUO
COGNAC
MARTELL
IMPORTADO POR
MOORE Y TUDOR

EL TIEMPO

…und zehn Wochen später, am 23. Mai 1912, dokumentiert «El Diario» in Buenos Aires den Empfang Roald Amundsens durch die führenden Persönlichkeiten von Montevideo – sowie durch Peter Christophersen, den unerschütterlichen Spender (dritter von links)

fang mit Festumzug und Festmärschen, ein Festbankett nebst Festgesang und Festansprachen, ein Festabend in Festsälen mit Festbeleuchtung – ein einziges Schwelgen im Stolz auf den Mut und die Stärke der norwegischen Prachtkerle.

Ihre Kampagne in der Antarktis wurde zu einem Kraftquell für jegliche Virilität. Schon beim Diner unter den Lüstern von Bergens Grand-Hotel trumpfte ein Schulmeister auf: «In unserer Gesellschaft, auf deren Antlitz sich allmählich ein gewisser femininer Zug abzeichnet, tut es gut, sagen zu können – und wenn wir das sagen, dann liegt darin zugleich unsere höchste Anerkennung –: Dies ist ein Mann.»[160] Wenige Monate bevor den Frauen in Norwegen das allgemeine Wahlrecht zugesprochen wurde, quittierte die illustre Tafelrunde, wie «Bergens Tidende» am nächsten Morgen kolportierte, «diese markige und bestimmt vorgetragene Rede mit endlosem Beifall»[161].

Die Zeitungen wurden gerade ausgetragen, da ging es früh um 6:00 Uhr nach durchzechter Nacht direkt zum Bahnhof; und um 23:00 Uhr rollte die forsche Südpol-Riege mit einem Sonderwagen in Kristiania ein. «Was mir als größte Ehre vorkam», schrieb Helmer Hanssen im Rückblick, «war, Fräulein Anna Rogstad begrüßen zu dürfen, unser erstes weibliches Stortingsmitglied.»[162]

War es eine Katerlaune, Chevalerie oder ehrliche Freude eines Sympathisanten? Egal – ohne Gelegenheit zur Besinnung trug der Siegestaumel die vierzehn vom einen Spektakel zum nächsten... und von der Hauptstadt dann wieder zurück in das Land... bis er schließlich verebbte und jeden in seinen Alltag entließ... nach Trondheim und Horten und Tromsö.

Am Bunnefjord aber hatte der an Listen unerschöpfte Lenker jenes Trojanischen Pferdes «Fram» seine Odyssee stilsicher zu Ende gebracht und war, wie er seinem Patron nach Buenos Aires meldete, *ohne besondere Erlebnisse irgendwelcher Art, unerkannt und unbemerkt*[163] am 31. Juli 1912 in sein Haus zurückgekehrt.

Verachtete er all den Rummel? Oder gab er seiner Lust an der Verstellung nach? Oder schlug ihm ein schlechtes Gewissen?

Zwar hatte er in seine Südpol-Bände einen Beitrag von Fridtjof Nansen aufgenommen, in dem dieser die «Hauptforschungsreise»[164] einforderte; auch hatte er Oscar Wisting gedrängt, sich für die Arktis-Tour zumindest oberflächlich in Erster Hilfe ausbilden zu lassen; und er unterhielt regelmäßig Kontakt zu Nilsen in Argentinien – aber daß er zur Eile in den Norden drängte, hat niemand beobachten können.

Immer mit der Begründung, es mangle ihm an Geld, ging er Engagements zu Vorlesungen und kinematographischen Darbietungen in den Metropolen Europas ein und ließ sich auf den Schild heben. «Wie in früheren Zeiten», sagte am 9. Oktober 1912 Albrecht Penck vor zwölf-

Roald Amundsen, 1912

hundert Zuhörern in der Aula der Königlichen Universität zu Berlin, «lauter Jubel den Helden empfing, welcher den Kampf mit dem Feind glücklich bestanden, so jubeln wir heute dem Sieger entgegen, welcher den Kampf mit den großen Naturgewalten erfolgreich geführt [...]»[165]. Mit dem etwas unerwarteten Ausdruck seiner Tierliebe (und ohne zu wissen, daß der tote Scott drei Tage zuvor in einem Zelt gefunden worden war) bedauerte am 15. November Lord Curzon in der «Royal Geographical Society» zu London, daß es unmöglich sei, Amundsens Hunden angemessen zu danken – eine Wendung, die den Norweger ebenso befremdete, wie ihn am 16. Dezember die Worte des Prinzen Roland Bonaparte in der Sorbonne zu Paris irritiert haben dürften: «Ihre Kühnheit trägt zu Recht den Namen Heroismus, und die Geographie ist Ihnen dankbar; sie ist stolz auf Sie, denn in der Wissenschaft sind wir doch alle Bürger dieser Welt.»[166] Schmälerte nicht die eiserne Betonung des szientifischen Teils in seiner Zirkusnummer deren Unterhaltungswert? Und wurde nicht dadurch der Zustrom jener Honorare gedrosselt, die er angeblich zur Realisierung seines Nordpol-Vorhabens brauchte?

Gleichviel, denn als sie tatsächlich unerwartet spärlich flossen und weder die Kosten der «Hauptforschungsreise» zu decken noch den Unterhalt der «Fram» in Buenos Aires zu sichern vermochten, sah Roald Amundsen den rechten Zeitpunkt gekommen, sich seiner lästigen Verpflichtung zu entledigen: in einem Brief an Nansen bezichtigte er die Regierung – *Versprechen scheinen in Norwegen eine billige Ware zu sein*[167] –, Zusagen von Orden und Diplomen für die Förderer des Unternehmens nicht eingehalten zu haben, und drohte mit der Aufgabe des Projekts. *Es nützt wenig, diese Fahrt mit gebrochenen Versprechen zu beginnen.*[168]

Das war eine larmoyante Provokation! Deshalb platzte Fridtjof Nansen – zumal er noch um Hjalmar Johansen trauerte, der sich Anfang des Jahres geächtet in einem Hotel in Kristiania erschossen hatte – am 2. April 1913 der Kragen: «Als Sie uns erzählten, daß Sie zum Südpol gingen, bevor Sie die Untersuchung der Eisdrift beginnen würden, sagten Sie, daß Sie das täten, um Mittel für diese Expedition zu beschaffen. Auf dieser Basis haben die Regierung und wir anderen für Sie gearbeitet, hat das Storting zusätzlich Geld bewilligt, habe ich und haben andere Sie verteidigt – haben wir manche Kastanien für Sie aus dem Feuer geholt, ich könnte beinahe sagen: für Ihre Ehre.»[169]

So gerüffelt und gebeutelt, wollte Roald Amundsen seinem Vaterland keine weitere Belastung mehr zumuten und verzichtete mit der Generosität dessen, der etwas loswerden möchte, auf die öffentliche Unterstützung in Höhe von zweihunderttausend Kronen.

Die «Geographische Zeitschrift» in Leipzig aber tat, was dem Possenspiel am angemessensten war – sie resümierte in einer winzigen Meldung: «Damit ist die geplante Nordpolexpedition Amundsens [...] als vollständig aufgegeben zu betrachten.»[170]

«débâcle», *krise*, «misfortune» und «Fehlschlag»[171]

Roald Amundsen hatte bei seinem Vorstoß zum Südpol den Aufmarsch mit einer Kriegslist gesichert, die Operation selbst mit umsichtigem Einsatz von Mensch und Material durchgeführt und den Rückzug wiederum mit einer Finte gedeckt – kurz: sein Bravourstück in einer solchen Vollendung gestaltet, daß es erheblicher Anstrengung bedarf, um zu verstehen, wieso er danach aus dem Takt kommen sollte; weshalb ihm nie mehr das gelingen mochte, worauf er sein Streben gerichtet hatte; und warum ihn Fridtjof Nansen dereinst als armen Irren exkulpierte, der «für seine Handlungen nicht länger voll verantwortlich»[172] war.

Dabei hatte er sein follow-up systematisch vorbereitet, indem er zunächst einmal bei seinen Verbindlichkeiten Klarschiff machte.

Er wies das Angebot, ihn zum Professor zu ernennen, zurück. Er brach die Beziehung zu Sigrid Castberg ab. Und er forderte Thorvald Nilsen auf, die «Fram» herbeizubringen: sie war durch die Liegezeit in den warmen Gewässern Südamerikas gefault und für schwere Fahrten so untauglich geworden, daß sie bei Amundsens Erwägungen kaum noch ins Gewicht fiel.

Er hatte etwas Neues im Kopf.

Seit der französische Techniker Louis Blériot am 25. Juli 1909 mit einem Monoplan in siebenunddreißig Minuten den Ärmelkanal übersprungen hatte und Amundsen 1913 in Deutschland ein paar der modernsten Flugapparate gezeigt worden waren, faszinierte ihn die Vorstellung, mit einem solchen Gerät in der Arktis aufzusteigen, dort von oben ein großes Gebiet zu betrachten – und vielleicht bis zum Nordpol zu gelangen...

Deshalb erwarb er am 11. Juni 1914 in Gardermoen den ersten jemals in Norwegen vergebenen Pilotenschein und bestellte von seinen Honoraren und Tantiemen einen Doppeldecker aus der Werkstatt der Brüder Henri und Maurice Farman.

Da brach – die «Fram» war eben, an Amundsens zweiundvierzigstem Geburtstag, in Horten eingelaufen – der Weltkrieg aus und vereitelte alle Pläne, wie verschwommen sie auch waren.

Immer freilich praktisch auf den Eintritt unerwarteter Ereignisse rea-

Roald Amundsen bei einer seiner zwanzig Unterrichtsstunden mit dem Fluglehrer Einar Olaf Sem-Jacobsen (vorn)

gierend, schenkte Amundsen die Maschine der Armee (die sie auf den Namen «Roald Amundsen» taufte) und besann sich auf seine Wurzeln…

…bis er mit derselben Kaltschnäuzigkeit, mit der er seinen eigenen Feldzug vorangetrieben hatte, Kapital aus den Schlachten anderer schlug. *Die norwegische Handelsmarine expandierte wie niemals zuvor, und ich wurde – Reeder! Ich legte das meiste von dem, was ich besaß, in Schiffsbeteiligungen an […].*[173] Sogar Ursula und Otto Weil, die Verfasser einer marxistisch indoktrinierenden Amundsen-Biographie, konnten 1972 ihren Protagonisten nur bewundern, denn nach zwei Jahren hatte er «das für damalige Zeiten ansehnliche Vermögen von einer Million Kronen verdient»[174].

Bei solchem Kontostand ließ sich die nächste Expedition verhältnismäßig unbekümmert konzipieren. Und so überraschte Amundsen im Anschluß an seine kürzlich noch gehegten fliegerischen Ambitionen mit einem Unternehmen, das auf dem ergrauten Entwurf vom 10. November 1908 beruhte. Mit der Abweichung, daß er diesmal nicht durch die Beringstraße, sondern entlang der sibirischen Küste anreisen würde, wollte der Vielgewandte irgendwo im Osten ins Eis der Arktis eindringen und sich auf ein *vier- bis fünfjähriges Treiben über das Polarmeer* einrichten.

Endlich sollte Leuten wie Hermann Singer, der 1911 geschrieben hatte: «Die wissenschaftliche Bedeutung der Erreichung des Südpols an sich ist gering»[175], nachgewiesen werden, daß Amundsen das Zeug dazu hatte, als zünftiger Erdkundler zu gelten, und daß Leute wie Henrik Mohn 1916 seine Leistung richtiger beurteilt hatten: «Für die Wissenschaft ist Roald

Amundsens Südpolexpedition in geographischer und meteorologischer Hinsicht von größter Bedeutung gewesen.»[176]

Deshalb gab er, zumal die «Fram» in Horten nurmehr ein Wrack war, den Bau eines neuen Schiffes, der «Maud», in Auftrag. Doch weil die fortschreitende Geldentwertung seinen Fonds dezimierte, hatte er abermals nach Sponsoren Ausschau zu halten. *Da mußte ich in den sauren Apfel beißen und den Staat darum bitten, mir die 200000 Kronen wiederzugeben. […] Und auch diesmal kam mir das norwegische Storting mit derselben Bereitschaft zu Hilfe, mit der es mich stets unterstützt hat.*[177]

Ehe sich der Skipper versah, war er in die gewohnte Hektik einer immer rasanter verstreichenden Frist bis zum Aufbruch geraten. Er kaufte, da ihm die heimischen Erzeugnisse nicht genügten, große Mengen Konserven in den USA ein. Er feierte am 7. Juni 1917 in Volden den Stapellauf der «Maud» auf der Werft von Christian Jensen. Und er zauderte nicht, sich politisch zu engagieren: aus Protest gegen den U-Boot-Terror der Kaiserlichen Marine reichte er seine deutschen Auszeichnungen an den Botschafter in Kristiania, Victor Wilhelm Prinz zu Wied, zurück und hielt in den Vereinigten Staaten von Amerika eine Brandrede wider jenes Land, *welches auf so barbarische Weise alle Traditionen und Gesetze der Meere verletzt hat*[178].

Die «Maud»

Amundsen und Tessem bei der Lektüre im Salon der «Maud». Im Hintergrund hängen Fotografien von König Haakon VII., von Königin Maud – der Namenspatronin des Schiffes – und von Kronprinz Olav, dem späteren König Olav V.

Noch als er am 24. Juni 1918 in See stach, fürchtete er, daß die «Maud» nördlich Vardö *von deutschen Piraten*[179] aufgebracht werden könnte. Aber alles blieb harmlos, und er wagte sich in die Barentssee hinaus. Unter seinen acht Mitstreitern waren Helmer Hanssen, der ihn auf der «Gjöa» und der «Fram» begleitet hatte, sowie Martin Rönne, Knut Sundbeck und Oscar Wisting, drei andere «Fram»-Fahrer. *Also hatte ich vier von meinen alten Kämpen dabei, und das machte die Sache ganz traut.*[180]

Diesem Anflug von Gemütlichkeit stemmten sich leider die äußeren Umstände entgegen, denn sehr bald wurde die «Maud» von Untiefen und Treibeis so behindert, daß sie vor Chabarowo wochenlang lavieren mußte. Währenddessen wurde der einundzwanzigjährige Russe Gennadij Olonkin in die Mannschaft aufgenommen; und am 17. August konnte auch der Motor wieder angeworfen werden – der Sommer war da bereits zwei Wochen mehr vorangeschritten als bei Adolf Erik Nordenskiöld und Fridtjof Nansen: jener hatte den Ort im Zuge der ersten Durchquerung der Nordostpassage am 1. August 1878 berührt, dieser im Verlauf seiner Drift-Expedition am 4. August 1893. Und Amundsen sollte weiterhin das Nachsehen haben. Er durchstach die Jugorstraße und umschlich die Jamal-Halbinsel; doch als er auch die Taimyr-Halbinsel in der Wilkizkistraße steuerbords liegenlassen wollte, wurde die «Maud» am 13. September 1918 fünfzig Kilometer östlich von Kap Tscheljuskin von kompaktem Eis umklammert, so daß sich Roald Amundsen zur Überwinterung entschloß. Der Ankerplatz wurde – selbstverständlich – «Maudhafen» genannt.

Und ebenso automatisch setzte hier dieselbe Betriebsamkeit ein wie in «Gjöahafen» und «Framheim»: das Aufstellen und Ablesen von wissenschaftlichen Instrumenten, das Wuseln und Werkeln, das Vorbereiten und Feiern von Festtagen jeglicher Art – dieser ergonomische Wechsel zwischen Müßiggang und Mühsal. Und es wäre mithin von dieser Stätte nicht viel zu erzählen, wenn es an ihr nicht zu Vorfällen gekommen wäre, von denen jeder für sich bereits ein unheilvolles Vorzeichen war – die in ihrer Dreiheit aber für die Saga Roald Amundsens einen evidenten Symbolwert erhielten.

Die Pechsträhne begann am 30. September, als Amundsen mit einem seiner Hunde unter dem Arm von der «Maud» herabkletterte, das Gleichgewicht verlor und zu Boden stürzte. *Ich hatte ‹Die Schwarze› noch im Griff, als ich aufstehen wollte. Aber ich kam zunächst nicht hoch und konnte mich lediglich hinsetzen. Es knirschte und knarzte in meiner [rechten] Schulter, als hätte sie aus 100 Stücken bestanden. Wisting war augenblicklich zur Stelle und versuchte, mich auf die Beine zu bringen, aber ich konnte seine Assistenz nicht gebrauchen. Die astronomische Wissenschaft hielt meine ganze Aufmerksamkeit gefangen, und unbekannte Sterne der unterschiedlichsten Couleur flimmerten an meinem Firmament vorüber.*[181]

Er hatte den Splitterbruch kaum eben kuriert und lief nach wie vor mit einer Bandage herum, da wurde er am 8. November von einer Eisbärin angefallen. «Wirklich, die gesamte Hinterfront war aus seinem Lederanzug gerissen und hing ihm in Fetzen herab; und dort, wo der Rücken seinen Namen ändert, hatte er vier tiefe Schrammen von der Tatze des Untiers.»[182]

Die wikingerhafte Schnoddrigkeit, mit welcher diese Schläge als Reckenlos überspielt werden sollten, verfing indessen nicht, als Roald Amundsen sich am 10. Dezember unter der Petroleumlampe seines perfekt abgedichteten magnetischen Observatoriums eine Kohlenmonoxydvergiftung zuzog. Obwohl er selbst betonte, daß er sich nach ein paar Stunden *wieder völlig gesund*[183] gefühlt habe, schrieb Oscar Wisting später: «Das war eine böse Geschichte, und sein Herz hat sich nie mehr davon erholt.»[184]

Amundsen beschränkte sich deshalb auf die Tabellierung gewonnener Daten, auf die Hege der frischgeborenen Welpen und auf die Zielsetzung von sieben Exkursionen seiner Gefährten in die Umgebung. Und

Das letzte Bild von Paul Knudsen (links) und Peter Tessem (rechts). «Als wir [am 12. September 1919] wegfuhren, winkten sie uns in bester Laune zum Abschied, und wir erwiderten ihre Grüße, ohne etwas anderes zu denken, als daß wir sie bei unserer Rückkehr nach Oslo dort vorfinden würden.»

obwohl er erklärt hatte, daß es unerheblich sei, *ob diese öden Strände hier oben mit der äußersten Sorgfalt kartographiert werden*[185] oder nicht, hob er Seite um Seite hervor, von welcher Wichtigkeit alle diese Ausflüge seien.

Man braucht durchaus kein Silbenstecher zu sein, um zwischen den Zeilen von *Nordostpassagen (Die Nordostpassage)* etwas von der Beliebigkeit des Unternehmens zu erspüren. Allein daß Amundsen eine Zeitlang mit dem Gedanken gespielt hat, *das Schiff zu verlassen und den Pol mittels eines Schlittens zu erreichen*[186], zeugt angesichts des Bestandes von nur einem Dutzend miserabler Hunde von einer solchen Trübung des Realitätssinns, daß Lebensgefahr von ihm ausging.

Er hatte nämlich auch den Einfall, die Post der Besatzung zur Telegraphenstation Dickson am Ausfluß des Jenissej zu schicken. *Ich wandte mich deswegen an Tessem, den ich für diesen Auftrag am geeignetsten hielt. Als er hörte, welchen großen Dienst er der Expedition damit erweisen könnte, war er sofort bereit. Zu seinem Begleiter wurde hernach Tönnesen*[187] *ausersehen.*[188]

So lautet der authentische Bericht von 1921 über das Himmelfahrtskommando.

Doch als feststand, daß beide Männer auf ihrem fast eintausend Kilometer langen Fußmarsch durch Sibirien umgekommen waren[189], schrieb

Amundsen 1927: *Einer der Jungen litt unter unaufhörlichen Kopfschmerzen und entschied sich, in die Heimat zurückzukehren. [...] Ich zögerte daher nicht, ihm den Abschied zu gewähren, und hatte auch nichts dagegen, als ein zweiter sich zu seiner Begleitung erbot. Ich war sogar über diese Möglichkeit, Post nach Hause zu senden, recht froh.*[190]

Keine noch so schäbige Faktenverdrehung war imstande, die Expedition auf Erfolgskurs zu trimmen. Zwar gelang es den verbliebenen acht Männern am 18. August 1919, ihr Fahrzeug aus seiner einjährigen Bewegungslosigkeit zu befreien und in schiffbare Gewässer zu bringen, aber sie schafften es nicht, den Dreimaster ins Polareis zu zwängen oder gar die obere Mündung der Beringstraße zu erreichen – schon am 23. September 1919 befand sich die «Maud» westlich der Aion-Insel auf weniger denn 70° nördlicher Breite abermals in Winterstarre.

Wieder lief da jener Rhythmus ab, der kürzlich abgebrochen war... das Loten, Rechnen und Karteienführen... dessen zehrender Monotonie sich Harald Ulrik Sverdrup am 7. Oktober entzog, indem er zu einem in der Nähe zeltenden Stamm der Tschuktschen übersiedelte. Ein Greis

Es war wohl Verehrung, daß Harald Ulrik Sverdrup seinem Pfeifenkopf das Profil Roald Amundsens gab

dort erinnerte sich, wie er 1878 an Bord von Nordenskiölds «Vega» gestiegen war. Und spätestens seit jenen Tagen war dieses russische Volk auch ins Blickfeld der europäischen Zivilisation getreten.

Obgleich der Norweger demnach nicht der erste war, der die Tschuktschen erforscht hat, wollte er – getreu der Devise «save vanishing data»[191], «bewahre entschwindende Daten» – noch einmal die Kultur dieser Rentierzüchter schriftlich fixieren. Daher wanderte er mit ihnen und ihrem Vieh in die Waldgebiete im Süden, um dort, nicht weit von Nishnekolymsk am Unterlauf der Kolyma, das Winterquartier aufzusuchen.

Mit großer Sympathie und ungewöhnlicher Einfühlung studierte er hier das Denken und Handeln der Eingeborenen. Und als er 1921 seine Beobachtungen auf hundertvierzig Großoktavseiten veröffentlicht hatte, war damit ein Denkmal errichtet, das deutlich machte, was diese Leute mit ihrer Redensart meinten: «Wir Tschuktschen, wir sind eben so.»[192]

Das Sverdrup'sche Nebenprodukt von Amundsens Arktis-Projekt hat sich bei den Freunden der Wissenschaft die gleichen Meriten erworben, die sich Helmer Hanssen und Oscar Wisting bei den Anhängern von Leistungssport und Nervenkitzel mit einer ausgefallenen *äquilibristischen Übung*[193] à la Amundsen verschafften:

Ein zweites Mal hatte der «Chef» den Wunsch geäußert, Post aufzugeben, und deshalb Hanssen und Wisting beschieden, sich zusammen mit dem trübsinnig werdenden Tönnesen nach Nome in Alaska durchzuschlagen. Auch sollten sie dort magnetische Meßnadeln kaufen, weil Amundsen etliche zerbrochen hatte.

Während er also mit Gennadij Olonkin, Martin Rönne und Knut Sundbeck auf der «Maud» ausharrte, gingen seine Boten am 1. Dezember 1919 mit zwei Schlitten und jeweils sechs Hunden auf die Reise. Nach acht Wochen härtester Strapazen und ständiger Aufregung um den kranken Tönnesen (den sie schließlich einem Russen mit der Bitte anvertrauten, ihn nach Norwegen zu schicken) erreichten sie Ende Januar 1920 Kap Deshnew am Westufer der Beringstraße. Da jedoch die Überfahrt wegen des heftigen Eisgangs nicht möglich war und sich auch kein hinreichend starker Funksender fand, begab sich Hanssen allein nach Anadyr, wo er am 27. März alle Telegramme an die amerikanische Station St. Paul absetzen konnte. Nachdem er die Antworten abgewartet hatte, kehrte er im April zunächst zu Wisting auf Kap Deshnew zurück und traf dann gemeinsam mit ihm am 14. Juni 1920 wieder bei der «Maud» ein.

In einem halben Jahr hatte Hanssen einen Marathon von zweitausend Kilometern zurückgelegt, um Telegramme zu übermitteln und Magnetnadeln zu holen; Wisting eintausendeinhundert. «Nun», schrieb Hanssen lange danach, «streckten wir uns in die Kojen mit dem wohligen Gefühl, unsern Job getan zu haben.»[194]

Gerne hätte Amundsen von seinem Zug dasselbe gesagt.

Kap Serdze-Kamen

Aber der zweite Durchstich durch die Nordostpassage war nur eine Vorarbeit ohne fortune geblieben: die horrende Anfahrt zu einer Wirkungsstätte, die ehestens besetzt werden konnte, nachdem die «Maud» nun die Gegend um die Aion-Insel verlassen hatte und in Nome überholt worden war.

Von Nome indessen, das Assoziationen weckte an «bärtige Goldgräber mit Revolvern im Gürtel»[195], führten auch Wege in gemäßigtere Welten und nach Hause; und so quittierten Helmer Hanssen, Martin Rönne und Knut Sundbeck hier den Dienst. Roald Amundsen hielt sie nicht auf, doch er vergatterte sie, «drei Jahre lang über den bisherigen Verlauf der Expedition nicht die kleinste Mitteilung zu machen»[196].

Wenn schon Vertuschen hinsichtlich der Reise selbst geboten war, um wieviel mehr empfahl jetzt erst ihr Ausgang Schweigen!

Denn kaum daß Roald Amundsen mit dem letzten Aufgebot von Vertrauten, Gennadij Olonkin, Harald Ulrik Sverdrup und Oscar Wisting sowie der Eskimofrau Mary Tutti-Sale alias «Tutsy»[197], endlich am 8. August 1920 zu seiner Bewährungsprobe als Arktisforscher aufgebrochen war, wurde er bei Kap Serdze-Kamen von andringendem Eis zum dritten Überwintern genötigt.

Da verlor er die Lust an der Drift zum Nordpol.

Er gab die Verantwortung für das Schiff an Oscar Wisting ab und stieg im Mai 1921 bei Kap Deshnew aus dem Unternehmen aus.

Als im Herbst sein Buch *Nordostpassagen* erschien, fand sich dort in einem Absatz das Geständnis: *Ich gehöre […] nicht zu jener Sorte*

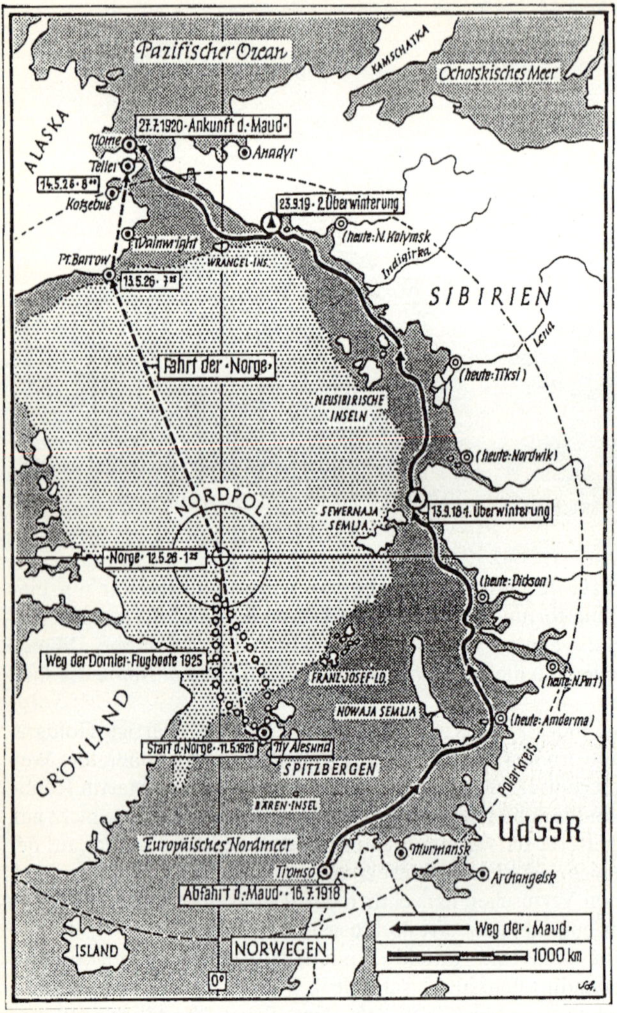

Amundsens Route durch die Nordostpassage von 1918 bis 1920 sowie der Weg der beiden Dornier-Flugboote von 1925 und die Fahrt der «Norge» von 1926. Nach Hans-Otto Meissner, 1982 (modifiziert)

Mensch, die, wenn sie einen Plan gefaßt hat, diesem dann unbedingt folgt. Denke ich, daß sich die Verhältnisse geändert haben, lasse ich in Übereinstimmung damit meinen Plan fallen.[198]

«My Isle of Golden Dreams»

Im Januar 1922 griff Roald Amundsen einen anderen Plan wieder auf.

Von höheren Mächten arg gebeutelt, war der Vielduldende mit Vollbart und getönter Hornbrille unter dem Namen «Johnson»[199] nach Kristiania zurückgekehrt und hielt sich nun über Wochen hinweg in seinem Haus am Bunnefjord versteckt. Da las er, daß eine Junkers-Maschine vom Typ «F 13» jenseits des Atlantiks jüngst *siebenundzwanzig Stunden in der Luft verbracht hatte*[200], und im selben Moment war ihm klar, daß der Mensch nicht länger auf die Zugänglichkeit von Arktis und Antarktis angewiesen war. Neue Erkundungsmethoden hatten ihre Tauglichkeit verheißen.

Deshalb setzte Amundsen vertrauensvoller denn 1914 ein zweites Mal auf das Flugzeug als das Vehikel des Polarforschers: *Das, was er in jahrelanger Arbeit zu erreichen versucht hatte, würde er jetzt möglicherweise im Laufe von ganz unglaublich kurzer Zeit erzwingen können. Jahrhundert um Jahrhundert hatte er seine primitiven Mittel, Hund und Schlitten, benutzt. Tagaus, tagein hatte er alle seine Kräfte, seinen Verstand und seine Willenskraft aufbieten müssen, um allenfalls ein paar Meilen weiter in die endlose Eiswüste vordringen zu können. Welcher Mut, welche Ausdauer sind nicht in diesem Kampf gegen Kälte, Hunger und Anstrengungen aufgewendet worden! Welch leuchtendes Beispiel an Opferwilligkeit und Selbstverleugnung! Jahraus, jahrein in einem kleinen Fahrzeug eingeschlossen, umgeben von denselben Menschen, nur mit dem Notwendigsten versehen, hatten diese Männer sich bis dahin durch die größten Schwierigkeiten, die härtesten Prüfungen, Kälte und Finsternis hindurchgearbeitet. Und jetzt, plötzlich, mit einem Schlage sollte dies alles vielleicht ganz anders werden. Statt Kälte und Finsternis künftig Licht und Wärme, statt der langen, mühseligen Wanderungen ein schneller Flug. Keine Rationierung, kein Hunger oder Durst – nur ein kurzer Flug. Hier eröffneten sich gewaltige Perspektiven. Wie ein Traum, wie eine ferne Möglichkeit leuchtete […] der Funke auf, der sich so schnell zu einem mächtigen Feuer entwickeln sollte.*[201]

Noch glomm er, da begann schon sachte und kaum spürbar der naturkundliche Eros als Motivation für Amundsens Handeln zu schwinden und sich aufzulösen. Immer seltener ventilierte der Entdecker fortan Probleme der Geomorphologie und Ozeanographie, Biologie und Klimatologie. Sein Forschungsbegriff vollzog einen Bedeutungswandel, wurde genügsam und meinte: *interessante Einblicke*[202]. Die wollte sich Roald Amundsen in Zukunft verschaffen, *selbst wenn sie keine reiche wissenschaftliche Ausbeute versprachen*[203].

Seine Bestimmung blieb vorderhand unklar; aber wer 1921 in dem voluminösen Band *Nordostpassagen* die eine beiläufige Äußerung nicht überlesen hatte, daß der Marsch zum Nordpol inzwischen Amundsens *liebster Plan*[204] war, der kannte das Utopia des Norwegers und verstand, warum die Schnulze «My Isle of Golden Dreams» zu seiner Privathymne wurde.

Ihm, der im Südpol eine begehrenswerte *geheimnisvolle Schöne*[205] gesehen hatte, mochte auch die schmachtende Unbenannte dieses Liedes eine Allegorie des Zieles seiner Sehnsucht sein:

«Over the sea, waiting for me
Lonely and blue
Somebody sighs, somebody cries,
‹I love you, I love you!›»[206]

Amundsen hatte die Inselphantasie aus der Schlagerfabrik von Jerome H. Remick vermutlich bei einem song-plugger auf der Tin Pan Alley in New York oder aus einem Nickelodeon gehört, als er im Mai 1922 von Europa an den Hudson gereist war, um eine Junkers vom Typ «W 34» zu kaufen. Gemeinsam mit Oscar Omdal, einem soeben angeworbenen Marinepiloten, wollte er sie quer über den amerikanischen Kontinent nach Westen steuern.

Während also Wisting, der die «Maud» nach Amundsens Abschied in Seattle vertäut hatte, auf den «Chef» wartete, damit er ihn samt seinem Wundergerät gen Norden transportieren konnte, hoben Oscar Omdal und Roald Amundsen sowie dessen Schulfreund Fredrik Herman Gade und drei weitere Passagiere in New York ab. *Der Motor versagte jedoch, als wir über der Stadt Marion in Pennsylvanien waren, und wir mußten eine recht ungemütliche Notlandung in den dortigen Ölfeldern vornehmen*[207] (sie hatten in Wahrheit einen Baum gerammt); *sind aber alle mit heiler Haut davongekommen.*[208] Die Maschine freilich war völlig zerstört.

Nun hatte das Storting vor kurzem zur Fortsetzung der «Maud»-Expedition fünfhunderttausend Kronen bereitgestellt – *dies waren etwa 75000 Dollar*[209] –, weshalb Roald Amundsen gleichsam vom nächsten Telefon aus bei der «Curtiss Aeroplane Company» eine neue «W 34» orderte. Die Geschäftsleitung des Unternehmens war von der Unerschütterlichkeit des Norwegers so beeindruckt, daß sie ihm daneben noch eine «Curtiss Oriole» zur Verfügung stellte.

Am 28. Juli 1922 verabschiedet sich Roald Amundsen unter großer Betroffenheit der Mannschaft endgültig von der «Maud»-Expedition. Oscar Wisting schreibt später: «Ich fürchtete, ehrlich gesagt, meinen lieben Chef das letzte Mal zu sehen.»

Die «Oriole» sollte als Aufklärer bei der «Maud» bleiben, indes Amundsen die «W 34» mit Omdal – und dem Fotografen Reidar Lund – von Point Barrow in Alaska nach dem norwegischen Spitzbergen zu fliegen gedachte. *Für den Nordpol selbst interessierte ich mich nicht [...].*[210] Wie merkwürdig, wo doch die angegebene Route in direkter Linie über ihn führte!

Was immer Amundsen vorhatte: die Kisten mit den Rümpfen und Flügeln wurden auf die «Maud» verladen; und am 3. Juni 1922 nahm Wisting – zum wievielten Male? – Kurs auf die Ostsibirische See. Er legte einen Stop in Nome ein, und schwer und behäbig dampfte die «Maud» am 28. weiter.

Weil sie Amundsen freilich dadurch zu geringe Fahrt machte, ließ er, als man im Kotzebue-Sund der schnellen «C. S. Holmes» begegnete, sein Flugzeug auf den US-Schoner hinüberhieven. Und so trennte er sich am 28. Juli 1922 bei Point Hope endgültig von seiner unseligen Drift-Expedition. Die «Maud» sollte er nie wiedersehen. Oscar Wisting steuerte sie wacker in das Eis des Nordmeers, bis ihr Eigner 1925 in solche Zahlungsschwierigkeiten geraten war, daß sie im Hafen von Seattle beschlagnahmt und ein Jahr später der «Hudson's Bay Company» überschrieben wurde; in deren Diensten strandete sie schließlich vor der Victoria-Insel. «Dort habe ich», berichtete Hans-Otto Meissner 1982, «das Wrack gesehen und stand auf seinen Planken. Die Masten sind gebrochen, aber das Deck reicht noch über Wasser, und alle Holzteile sind gut erhalten.»[211]

Sie war Amundsens Traumschiff gewesen, solange er wähnte, in ihrem Schutz den arktischen Ringwall durchstoßen zu können. Doch da sie ihre Pflicht und Schuldigkeit nicht tat, kehrte er sich von ihr ab.

Mag sein, daß es die Rache der «Maud» oder die Solidarität der «C. S. Holmes» war: Amundsen kam wegen des ungewöhnlich tief verlaufenden Packeisradius lediglich bis Wainwright/Alaska. *Von dort wollten*[212] *wir versuchen, so weit wie möglich in das unbekannte Gebiet nördlich dieser Küste vorzudringen. Aber alle unsere Pläne brachen zusammen. Infolge des stürmischen Sommers und Herbstes kamen Omdal und ich nicht vom Fleck. Wir mußten ein Haus bauen und überwintern.*[213]

Dem Fotografen Lund, der sich auf solch ein Abenteuer nicht einlassen wollte, hatte er – *Schöne Grüße daheim*[214] – längst den Laufpaß gegeben; darum biwakierten Amundsen und Omdal zu zweit in ihrer glacialen Eremitage mit dem Namen «Maudheim». Dann nahte der Winter. Und noch einmal verspürte Amundsen das Bedürfnis, Post abzuschicken.

Am 19. November zog der mittlerweile Fünfzigjährige von Wainwright los, und am 5. Dezember war er in Nome, wo er vier Monate blieb. Als er am 12. Mai 1923 in seine Blockhütte zurückkam, hatte er Weihnachten, Silvester und Ostern zwar in der Geborgenheit einer Kleinstadt verbracht, diesen Luxus aber mit einem Langlauf von insgesamt eintausendfünfhundert Kilometern erkämpft.

Omdal hatte die Waldeinsamkeit dazu benutzt, die «W 34» zu warten und so umzurüsten, daß sie den landschaftlichen Verhältnissen der Arktis angepaßt war: er hatte ihre Räder ab- und ein Paar Skier anmontiert.

Doch ob er nun ein schlechter Techniker war oder ein schlechter Pilot – oder beides –: als er nach Amundsens Ankunft den ersten Probestart absolvierte und die Junkers bei der Landung aufsetzte, barst ihr Fahrwerk in tausend Stücke.

An eine Reparatur war in der Wildnis Alaskas nicht zu denken, so daß die beiden Männer kleinlaut nach Seattle hinunterfuhren. *Ich brachte eine beschädigte Flugmaschine mit, die niemand haben wollte. Indessen gab ich meinen Plan nicht auf, sondern arbeitete weiter, um mir neues Material zu verschaffen.*[215]

Ja, mach nur einen Plan …

Wer sich bemüht, in diese Lebensphase Roald Amundsens Licht und Ordnung zu bringen, gerät vor ein schwindlig machendes Tableau aus hochtrabenden Absichten und tiefen Stürzen … eine surrealistische Collage aus verkrampften Neuanfängen und um so erbärmlicheren Fehlschlägen … da schwirren undurchschaubare Versprechungen herum und Briefmarken mit dem fiktionalen Aufdruck «In Commemoration of Amundsen's Trans-Polar Flight 1924»[216] … da ist die Eröffnung eines Konkursverfahrens gegen Roald Amundsen ebenso verzeichnet wie ein von Leon Amundsen angestrengter Verleumdungsprozeß … und da gewahrt man das Erscheinen des *«verbrecherischen Optimisten»*[217] Haakon H. Hammer, der den Entdecker und die Junkers-Werke geprellt haben soll … eine Figur im Gewimmel skrupelloser Spintisierer und Hasardeure, die dem «Ruhmvollen» zum Munde redeten in einer Zeit, da man nicht nur beim Storting herausfinden wollte, zu welchem Frommen all die reichen Fördermittel verpulvert worden waren … und Antwort allein in neuen Entwürfen bekam: *Zunächst ist es mein Plan, mit drei Maschinen zu starten, die bis zum Rand mit Treibstoff gefüllt sind.*[218]

Und mach dann noch 'nen zweiten Plan …

War unterdessen nicht ein Pott wie die «Roald Amundsen» bei der Suche nach Gelände für Fabriken zur Walfischverarbeitung auf der Westseite von Grahamland viel näher an der Wirklichkeit als jener Träumer, der bei der Schiffstaufe Pate gestanden hatte, weil er einst in dieser Region zum erstenmal ein Held gewesen war – jener Phantast, der heute nicht mehr zu ergründen vermochte, wo sein Geld und seine Freunde geblieben waren?

Nun, da meine Unwissenheit mich in solch eine demütigende Lage gebracht hatte, standen die Norweger in unbegreiflicher Wut wie ein Mann gegen mich auf.[219]

Deshalb flüchtete Amundsen auf ein Vortragsgastspiel in die USA. Doch kaum jemand wollte ihn hören. Die Schilderung der «Maud»-Fahrt oder der Bruchlandung in Wainwright bot keine Sensation. Die Eroberung des Südpols war ein alter Hut. Entertainment versprach bestenfalls eine Eloge auf den Märtyrer Scott. Aber der stand nicht auf der Agenda.

Als Amundsen am 8. Oktober 1924 in New York die letzten Wochen überblickte, mußte er sich eingestehen, daß er sie in die – mit jedem Posten deprimierender werdende – Liste seiner Mißerfolge einzutragen hatte. *Während ich in meinem Zimmer im Waldorf-Astoria saß, schien mir die Zukunft für immer verrammelt und meine Entdeckerlaufbahn zu einem unrühmlichen Ende gekommen zu sein.*[220] Erlösung konnte angesichts der Bündel von geplatzten Wechseln nur ein Croesus ex machina bringen.

Der allerdings wählte soeben die Nummer «Pennsylvania 5400», ließ

Lincoln Ellsworth

sich mit dem Explorer verbinden und kündigte seinen Besuch an. Er hieß Lincoln Ellsworth, war der Sohn des Bergbau-Tycoons James William Ellsworth (der im «Who Was Who In America» trocken als «capitalist»[221] vorgestellt wird) und begeisterte sich für die Ideen Roald Amundsens. «Wir befanden uns», schrieb er 1938, «in gegenseitiger Kongenialität [...].»[222]

Ellsworth überredete seinen Vater, zur Unterstützung der Polarforschung fünfundachtzigtausend Dollar zu stiften, woraufhin Amundsen bei der italienischen Firma S. A. I. di Construzioni Meccaniche in Marina di Pisa zwei Großflugboote vom Typ «Dornier-Wal» anforderte.

Aufgabe dieser Maschinen war es, mit jeweils drei Mann Besatzung *soweit wie möglich in das unbekannte Gebiet zwischen Spitzbergen und dem Pol vorzudringen und herauszubekommen, was dort zu finden war, bzw. was es nicht gab*[223].

War das nicht die windige Motivierung eines Fluges zum Nordpol?

Amundsen bestritt zwar, *den Pol als Punkt*[224] anzustreben, sagte aber im selben Atemzug: *Unsere Hoffnung, ganz zum Pol vorzudringen, war sehr gering.*[225] Demnach bestand der Vorsatz gleichwohl; und niemand übersah ihn – schon gar nicht der Verlag Ullstein, der die deutsche Übertragung des Reiseberichts unter dem Titel *Die Jagd nach dem Nordpol*[226] vertrieb.

Der Verdacht, daß Amundsen einmal mehr geblufft hatte, wurde dreizehn Jahre später von Lincoln Ellsworth bestätigt. Die Kosten der Expedition, schrieb Ellsworth in seinen Memoiren, waren mittlerweile so explodiert, daß sich der Aero Club von Norwegen zur Rettung des Projekts bereitfand – unter der Bedingung freilich, daß Amundsen nicht über den Pol die Siedlung Point Barrow ansteuern würde. Cool fügte Ellsworth hinzu: «Amundsen und ich unterzeichneten ein dementsprechendes Agreement mit dem Aero Club, waren uns aber insgeheim einig, trotzdem – sollte alles gutgehen – nach Alaska zu fliegen.»[227]

In Wahrheit also gemäß dem Plan, «mit zwei Flugzeugen von Spitzbergen zu starten, am Nordpol zu landen, dort die eine Maschine mit dem in der anderen verbliebenen Kraftstoff zu betanken, dann die leere zurückzulassen und die volle nach Alaska zu bringen»[228], stiegen die beiden «Dornier-Wal» am 21. Mai 1925 vom Kongsfjord, Spitzbergen, auf. Der eine trug das Kennzeichen «N 24», der andere das Kennzeichen «N 25».

An Bord der «N 24» befanden sich neben Lincoln Ellsworth noch Leif Dietrichson und Oscar Omdal; in der «N 25» hatten neben Roald Amundsen der deutsche Mechaniker Karl Feucht und Hjalmar Riiser-Larsen Platz genommen. «Die Rolls-Royce-Motoren surrten wie die Nähmaschinen, und alles war eitel Wonne.»[229]

Nach circa acht Stunden, während der Pilot der «N 25», Riiser-Larsen, eben eine Peilung vornehmen und seinen Kurs «geradewegs nach dem Nordpol ausrichten»[230] wollte (der Kapitän der «N 24», Dietrichson, meinte bereits, «unmittelbar in der Nähe des Pols»[231] zu sein), begann das hintere Triebwerk der «N 25» zu stottern, und die Maschine mußte wassern. Die «N 24», die daraufhin in einigem Abstand ebenfalls niederging, war beim Start im Kongsfjord dermaßen ramponiert worden, daß sie in ihrer Wake jetzt bedrohlich leckte und aufgegeben wurde.

So waren die sechs Männer am Morgen des 22. Mai auf einer nördlichen Breite von 87° 43 ' im Packeis der Arktis havariert; und das eine Trio wußte anfangs nichts vom Schicksal des anderen. Dietrichson vermutete schon, daß der «Chef» mit seiner Crew allein zum Pol geflogen sei: «‹Das sähe ihm ähnlich›, sagte er.»[232] Doch zum Glück gelang es den Teams, sich wieder zu vereinen.

Tage- und bald wochenlang, dieweil sich zum Beispiel Amundsens Mitarbeiter Fritz Gottlieb Zapffe auf dem Suchschiff «Hobby» mit dem Gedanken vertraut machte, «Amundsen könnte für immerdar verschwunden bleiben»[233], mühten sie sich, die «N 25» einsatzfähig zu halten. Sie brachten sie auf eine Scholle, glätteten mit primitiven Hilfsmitteln – denn niemand hatte im Ernst ein solches Debakel erwartet – eine Piste und wagten mehrere Startversuche. Aber mal brach der Grund unter dem Flugboot weg; ein andermal war der Spalt, in den es daraufhin geraten war, als Runway zu kurz; dann – als sie die «N 25» neuerlich aufs Eis gewuchtet hatten – wurde die Bahn durch Pressungen verwunden.

Die Besatzungen der beiden Dornier-Flugboote präparieren auf 87° 43' nördlicher Breite eine Startbahn für die «N 25»

Schließlich, am 15. Juni 1925, setzten sie alles auf eine Karte: lediglich mit Schlafsäcken und Schrotflinten beladen und nur mit dem bekleidet, was sie am Körper trugen, stiegen die sechs in das Flugzeug, und Riiser-Larsen jagte den Motor auf zweitausend Umdrehungen in der Minute. Dann löste er die Bremsen, und schurrend und schlagend schrammte die Dornier übers Eis… und hob ab!

Hjalmar Riiser-Larsen

Der Sprit reichte exakt bis zum Nordkap von Spitzbergen, wo die «N 25» um 21:00 Uhr den Fischkutter «Sjöliv» umkreiste. Der nahm die Maschine auf den Haken und brachte die Davongekommenen am 17. Juni zum Kongsfjord. Haakon VII. dankte telegraphisch, «daß Sie Norwegen wieder Ehre gemacht haben»[234]; und am 5. Juli 1925 rollten die Heimkehrer in der Hauptstadt – die vor kurzem ihren alten Namen Oslo zurückerhalten hatte – im Fond zweier Kutschen durch das Spalier der jubelnden Bevölkerung.

Was aber wurde gefeiert?

Amundsen selbst hat geschrieben, daß er *auf der ganzen Tour nordwärts*[235] keinerlei Beobachtungen anstellen konnte. Das Ergebnis der Echolotungen bestätigte eine Meerestiefe, die Fridtjof Nansen vor einem Vierteljahrhundert gemessen hatte. Und Lincoln Ellsworths Erkenntnis, «daß die Flugbedingungen unweit des Pols im Sommer so lange günstig sind, wie ein Aeroplan nicht landet»[236], entsprang aviatischer Komik. Das heißt: ein Meilenstein der Geographie war diese Reise nicht – weshalb man sich besser an einen luziden Ausspruch Amundsens hält.

In einer Zeit, da sich auch über der Arktis ein Ozonloch auftut und die Eisbären durch die Vergiftung der Umwelt auszusterben drohen, kann die Unterschrift dieser Karikatur von Claes Lundegård aus dem Jahre 1925 nur als prophetisch betrachtet werden – sagt doch angesichts der zunehmenden Fliegerei über dem ewigen Eis der eine Eskimo zu dem andern: «Nein, jetzt ist es hier bald nicht mehr zum Aushalten!»

Bei der Fahrt nach Hause hatte der «Chef» im Gespräch mit einem Journalisten die rhetorische Frage gemurmelt: *Was haben wir eigentlich anderes getan, als unser Leben zu retten?*[237]

Ja, er wollte seine Chance wahren, die «Isle of Golden Dreams» zu sehen. Und so verstrich für diesen Hatteras der neuen Zeit weiterhin keine Stunde, «die mich nicht mit meiner Idee beschäftigt fände»[238]: jener *fixen Idee*[239]!

Der Nordpol. Der Nordpol. Der Nordpol.

Eine Flottille aus Privatbooten und Kriegsschiffen begrüßt am 5. Juli 1925 sechs Helden, die ausgezogen waren, ihr Leben zu wagen, und es gerettet hatten

«Das erste ist die Lust an Kampf und Ruhm» oder: Eine kleine Vorgeschichte der Erforschung der Arktis

«Gleich über uns lagert der arktische Pol,
Und selten besucht ihn der strahlmilde Sol,
  Zu grimmig ist dieser Erd-Flecken.
Saturnus, angeblich, steht dort auf der Wacht
Und hütet den Schatz, den in düsterer Nacht
  Die Menschen-Leut nimmer entdecken.
Du wirst es kaum glauben, und doch ist es wahr:
Man findet im Nord-Land nicht einmal im Jahr
  Den Tag, wie er südwärts normal ist!
Im Winter, da gibt es hier nirgendwo Licht,
Im Sommer, da gibt es hier Finsternis nicht,
  So daß jeder Tag eine Qual ist.»[240]

Was sich der Norweger Petter Dass am Ende des 17. Jahrhunderts auf diese Weise in seinem Gedichtzyklus «Die Trompete des Nordlandes»[241] über die Arktis zusammengereimt hatte, stellte im wesentlichen dar, was man seit der Antike hierüber wußte. Nachdem der Grieche Pytheas um 330 vor Christus an der Küste Norwegens bis zum Polarkreis hinaufgesegelt war, haben immer wieder Europäer ihre Schiffe – und ihre Schritte – zu den hohen Breiten des Globus gelenkt und vom Regime des Gottes Saturn über ein dämmerlichtiges Reich gefabelt, in dem jegliche Erscheinung feucht und kalt und feindselig ist – ein grausiger Vorhof des Orcus. Dorthinein zogen die Weitfahrer mit solcher anhaltenden Unverzagtheit, daß sich bereits im 13. Jahrhundert nach Christus der Verfasser des altnorwegischen «Königsspiegels» bemüßigt sah, den Wikingern diesen Drang mit einem dreifachen Verlangen der Erdensöhne zu erklären: «Das erste ist die Lust an Kampf und Ruhm, denn das ist menschliche Art, dorthin sich zu begeben, wo große Gefahr zu erwarten ist, und sich dadurch berühmt zu machen. Das zweite ist Wißbegierde, denn das liegt gleichfalls in der Natur des Menschen, die Dinge zu erkunden und zu untersuchen, von denen ihm erzählt wird, und zu erfahren, ob sie so sind, wie ihm gesagt wurde, oder nicht. Das dritte ist die Aussicht des Gewinns, denn überall suchen die Menschen nach Gut, wenn sie erfahren, daß sich irgendwo Aussicht auf Gewinn darbietet, mag auch anderseits große Gefahr damit verbunden sein.»[242]

Dieser dreiheitliche Beweggrund wurde achterlastig und deshalb wie die Erschließung der Antarktis von der «Aussicht des Gewinns» beherrscht, nachdem sich Kolumbus' «las Indias» als Landmasse erwiesen hatte, die dem Eldorado der Gewürz- und Seideneinkäufer noch vorgelagert war. Da rüsteten sich die Schiffspiloten, die nach der Nordwestpassage fahndeten, und die Kapitäne, welche die Nordostpassage wagen wollten. Und legten die einen das Ruder nach Backbord und die anderen nach Steuerbord – sie alle suchten habsüchtig den Seeweg nach Indien.

«So erwachten sie zum Leben», schrieb Fridtjof Nansen 1911, «die beiden großen Illusionen, welche jahrhundertelang den Sinn der Entdecker im Zauberbanne hielten. Wert als Handelsstraßen konnten sie nie erhalten, diese schwierigen Durchfahrten durch das Eis. Mehr als Traumbilder wurden sie nicht, aber Traumbilder von größerem Wert als wirkliche Kenntnis: sie lockten die Entdecker immer weiter in die unbekannte Eiswelt hinein [...].»[243]

Sie wurden Pioniere, deren Namen bis heute zur Bezeichnung von geographischen Punkten und Flächen im Gebrauch sind – wie «Barentsburg», «Barentsinsel», «Barentssee».

Willem Barents, Steuermann im Sold der Republik der Vereinigten Niederlande, hatte den Auftrag bekommen, «die Meere des Nordens zu befahren»[244], und war schon zweimal, 1594 und 1595, hoch über den Circulus Arcticus hinausgelangt, als er 1596 ein drittes Mal von Amsterdam aufbrach. Unter Kapitän Jacob van Heemskerck erreichte er zunächst die Bäreninsel, dann den Südzipfel von Spitzbergen und schließlich im August die Nordküste von Nowaja Semlja, wo seine Karavelle von treibenden Schollen eingekesselt und zermalmt wurde. Da sahen sich die Seeleute gezwungen, «ein Haus zu bauen, um uns vor der Kälte und den wilden Tieren zu schützen, uns darin so gut wie möglich einzurichten und uns unter Gottes Schutz zu stellen»[245].

Ihre Frömmigkeit wurde belohnt: zwar litten sie entsetzlich unter den niedrigen Temperaturen und der Dunkelheit, aber sie verstanden es, sich durch gebündelten Einfallsreichtum bei Gesundheit zu halten. Sie jagten, richteten ein Schwitzbad ein, feierten alle erdenklichen Feste und verloren ihre Zuversicht nicht, so daß sie hoffnungsfroh am 14. Juni 1597 in zwei Booten die Heimreise antreten konnten.

Barents, der sich physisch wie psychisch verausgabt hatte, starb am 20. Juni in der einen Schaluppe. Seine Mannschaft indessen stieß bei der Halbinsel Kola wie durch ein Wunder auf jenes Schiff, das ihre Ausfahrt vor einem Jahr begleitet hatte und nun die zwölf Geretteten nach Amsterdam zurückbrachte.

Sie hatten mancherlei bewiesen, vor allem aber eines: daß Überleben

Im Jahre 1597 verließ Willem Barents mit seinen Leuten die Hütte, die sie so lange Monate geborgen hatte (hier abgebildet nach einem zeitgenössischen Holzschnitt). Dann wurde sie von Schnee und Eis begraben… bis ein norwegischer Walfänger, Elling Carlsen, sie am 8. September 1871 völlig unversehrt wiederfand. Es war, als sei er mit Hilfe einer Zeitmaschine gereist, denn alles stand noch an seinem Platz: der Tisch mit der Sanduhr, die Bettgestelle und der Badezuber, darüber die Wanduhr, die Hellebarden und Musketen; und im Kamin lag ein Brief an den, der diesen Raum vielleicht einmal betreten würde

im ewigen Eis bei planvollem Handeln möglich ist – wenn man Glück hat.

Dieses Quentchen Optimismus ermunterte von jetzt ab viele zur Nordpassage nach Indien; zum Sturm auf den arktischen Pol ermutigte es vorerst nur Henry Hudson.

Dem hatte mit der Borniertheit der Unwissenden die britische «Muscovy Company» 1607 den simplen Marschbefehl gegeben, «den Pol zu entdecken»[246], woraufhin Hudson in See stach – bis er sich auf 80° 23' nördlicher Breite an der Packeisgrenze abgewiesen fand. Da segelte er nach Hause und meldete in England lediglich die Wahrnehmung einer vulkanischen Insel (die später den Namen Jan Mayen erhielt).

Saturn blieb mithin ungestört.

Walfänger durchstreiften statt dessen die vorgelagerten Gewässer. Und zwei Dänen pflanzten außerhalb des eurasischen Kontinents respektable Hoheitszeichen auf. Der eine, Hans Egede, gründete seit 1724

Siedlungen auf Grönland und ließ in Kopenhagen eine «Perlustration»[247] der Heimat und Gebräuche der Eingeborenen drucken; der andere, Vitus Jonassen Bering, setzte mit einer Abteilung der Großen Nordischen Expedition von Asien nach Amerika über und näherte sich am 18. Juli 1741 dem Ufer Alaskas so, «daß man die schönen hart an der See gelegenen Waldungen wie nicht minder die großen Ebenen unter dem Gebirge landeinwärts mit größtem Vergnügen betrachten konnte»[248].

Niemand machte Saturn die Statthalterschaft streitig.

Auch nicht, als Daines Barrington 1773 die Londoner «Royal Society» dafür gewinnen konnte, abermals einen Schiffsverband zur Eroberung des Nordpols zu entsenden. Denn die «Racehorse» und die «Carcasse» mußten sich vor demselben Widerstand geschlagen geben, vor dem Henry Hudson zurückgewichen war.

Während demnach rings um den Saum des arktischen Eises navigiert und exploriert, trianguliert und kartographiert wurde, verharrte sein Zentrum fern und unerreichbar – für Poeten und für Philosophen ein Biotopia, mit dessen Erschließung die Selbstzerstörung des Menschen einhergehen würde.

So dichtete 1817 der schwedische Lyriker Esaias Tegnér in seiner Ballade «Die Polarreise» über den Forscher, der sich soeben auf den Nordpol zubewegt:

«Endlich kommt der Erde Wipfel.
Siegend auf der Achse Gipfel
Steht er. Horche, welch ein Brausen
Aus der Tiefe! Welch ein Sausen
Macht die Masse, die sich schwer
Schwingt um ihre Achs' umher!

Nun erschrickt er, und verlegen
Sinnt er nach der Rückkehr Wegen.
Zaubermacht verwirrt den Festen:
Wo ist Osten? Wo ist Westen?
Wo ist Süden? Wo der Nord?
Keine Spur, kein Ausweg dort!

Aus der Tiefe tönt ein Rufen:
‹Thor, auf deiner Weisheit Stufen!
Himmelsstrich nicht, wie die andern,
Hat der Punkt, drum Welten wandern.
Auf schließt ihn der Tod allein,
Kamst du dorthin, bleibst du sein.›»[249]

Sie fuhren alle hinaus, auch um das Gruseln zu lernen. So berichtet die österreichisch-ungarische Nordpol-Expedition unter Julius Ritter von Payer und Karl Weyprecht: «Schritt für Schritt kam die Vernichtung heran. Unser Eisfeld war jetzt völlig zerborsten, hoch türmten sich die Eisschollen empor, hoch über das Schiff hinaus, dann wieder fielen Eismassen in die gurgelnde Tiefe, so daß der Schiffsrumpf sich langsam über den Wasserspiegel hob.»

Was unter dem Einfluß von Kant und Schiller als eine Warnung davor gedacht war, die letzten Dinge zu entschleiern – und was sich am Ende des 20. Jahrhunderts durchaus als ökologisches Menetekel deuten läßt! –, korrespondierte auch weiterhin mit der Zurückhaltung von Abenteurern, den Nordpol direkt anzugreifen.

Dennoch wurde der Ring um den magischen Punkt immer enger: der Russe Ferdinand Petrowitsch Baron von Wrangel wanderte 1821 sechsundvierzig Tage lang von der Bäreninsel gen Norden, die Österreicher Julius Ritter von Payer und Karl Weyprecht entdeckten 1873 Franz-Joseph-Land, und der Amerikaner George Washington De Long sah 1881 als Erster die Neusibirischen Inseln.

Mit diesem Avancement schoben sich zudem die Fronten derer hinauf, die die höchsten jemals von Menschen erklommenen Breiten erstürmten: 1827 kam der Engländer William Edward Parry von Spitzbergen her auf 82 ° 45 ', und 1876 gelangte sein Kompatriot Albert Hastings Markham über Grönland auf 83 ° 20 ' – was Gefährten des Amerikaners Adolphus Washington Greely auf einer ähnlichen Route 1883 noch um 04 ' überboten.

Sie alle endlich deklassierte die Expedition, die Fridtjof Nansen am

Fridtjof Nansen auf 86° 04' nördlicher Breite. Federzeichnung von Erik Werenskiold, 1897

14. März 1895 begann. Er hatte sich nordwestlich der Neusibirischen Inseln mit der «Fram» vom Eis Huckepack nehmen lassen und war nun bei dessen Drift auf einer Position von ungefähr 102° östlicher Länge und 84° nördlicher Breite gemeinsam mit Hjalmar Johansen zum Nordpol aufgebrochen. Doch schon nach wenigen Kilometern hatten sie ein schartiges Geröllfeld betreten, in dem es kein Vorwärtskommen gab. «Es ist ein wahres Chaos von Eisblöcken, das sich bis an den Horizont ausdehnt. Es hat keinen Sinn, noch weiter vorzudringen, wir opfern die kostbare Zeit und erreichen nichts.»[250] Geleitet nicht von der Hybris des Tegnér'schen Forschers, sondern von der Klugheit des Pragmatikers, wandte Nansen deshalb bei 86 ° 04 ' seinem Ziel den Rücken und kehrte nach einer riskanten, aber vom Glück der Barents-Leute begünstigten Reise im nächsten Jahr nach Norwegen heim.

Dort war Nansen noch nicht eingetroffen, da konstruierte bereits der schwedische Ingenieur Salomon August Andrée einen Ballon, in dessen

Gondel er mit zwei Kameraden von Spitzbergen aus über den Nordpol schweben wollte. Er hatte eine Methode entwickelt, sein Luftgefährt, das natürlicherweise in derselben Richtung und Geschwindigkeit trieb wie der Wind, steuerbar zu machen: er beschwerte es mit Trossen, die – während es in niedriger Höhe dahinreiste – über die Erdoberfläche schleiften. Hierdurch wurde der Ballon gebremst, und seine Besatzung konnte ihn mit Hilfe von aufgespannten Tüchern in der wieder spürbaren Brise dirigieren wie ein Segelboot.

Da Andrée nun freilich den Rekord des Norwegers Nansen als nationale Herausforderung ansah, brachte er sich selbst in einen Handlungszwang, der jedwedes rationale Agieren lähmte. Als er am 11. Juli 1897 von Spitzbergen aufstieg, entwanden sich die unteren zwei Drittel der Schleppseile ihrer Verschraubung, und «aus dem halb gefesselten Ballon war ein Freiballon geworden»[251]. Anstatt nach dieser essentiellen Panne das Unternehmen abzubrechen, überließ sich Andrée – getragen von der Thermik des Ehrenmänner-Grundsatzes «aber gesagt ist gesagt» – drei Tage lang der Willkür des Windes. Dann, bei 82 ° 56 ' nördlicher Breite, drückte der gefrorene Regen den «Adler» aufs Eis, so daß die drei Vabanquespieler auf den Boden jener Tatsachen stürzten, gegen welche sie bald ebenso vergeblich ankämpften wie viele ihrer Vorgänger.

«Ich glaube», läßt der schwedische Romancier Per Olof Sundman in seinem Roman über die tour fou einen Mitfahrer sagen, «der Nordpol ist eine schlechte Geliebte.»[252]

Andrées «Adler» wenige Minuten nach dem Start zum Nordpol am 11. Juli 1897

Als man sich darüber stritt, ob die Abbildungen in Cooks und in Pearys Reiseberichten wirklich die Ankunft am Nordpol dokumentieren, war Rious Holzschnitt vom Triumph des Kapitäns Hatteras, 1866, die einzige authentische Illustration. Und genau besehen unterscheidet sich die Fiktion auch gar nicht von Cooks und Pearys Fotos: hier wie dort stehen Männer in einer Landschaft ohne Konturen und ohne Horizont…

Doch wen stieß die ab? Luigi Amedeo nicht 1900. Frederick Albert Cook nicht 1908. Und Robert Edwin Peary nicht 1909.

Der exzentrische Herzog der Abruzzen, Luigi Amedeo – der unter anderem als Erster jenen Berg bestiegen hatte, auf den Bering 1741 vor Alaska zugefahren war –, hatte von Franz-Joseph-Land einen Trupp seines Vizekommandanten Umberto Cagni ausgeschickt, der am 25. April 1900 bis auf 86° 34' nördlicher Breite vordrang. Nachdem damit auch Nansens Marke übertroffen worden war, konnte die Ankunft eines Forschers am Nagel der Erde nicht mehr allzu lange auf sich warten lassen.

Doch als dann im September 1909 die internationale Presse innerhalb von einer Woche meldete, daß der Amerikaner Cook am 21. April 1908 und sein Landsmann Peary am 6. April 1909 den Nordpol erreicht haben wollten, geriet das Finish des Wettlaufs zu einem Treppenwitz der Entdeckungsgeschichte. Denn weder Peary noch Cook waren, da sie lediglich Analphabeten bei sich gehabt hatten, in der Lage zu beweisen, daß sie ins Ziel gekommen waren. Ob keiner oder jeder von beiden oder einer jemals dorthin vorgestoßen ist – die Erörterung dieser Frage dient Generationen von Geographen seither als Scharfsinnsprobe mythologischen Zuschnitts. Gleichwie zum Beispiel nie eine Seele wiederzugeben vermochte, was Odin dem sterbenden Balder ins Ohr geflüstert hat, kann bis heute niemand sagen, was einzig Cook und Peary wußten.

Miteinander zerstritten haben sie sich zu Verbündeten eines lachenden Dritten gemacht: des Saturn, von dem im 17. Jahrhundert Petter Dass gesungen hatte. Und so steht der Gott der Nässe und der Eiseskälte selbstsicherer noch als in den Tagen des Barock

«[...] auf der Wacht
Und hütet den Schatz, den in düsterer Nacht
Die Menschen-Leut nimmer entdecken».

Die Nordpolfahrt

Das Geheimnis des Saturn verlor schon deshalb nichts von seiner Anziehungskraft, weil einer seiner prominentesten Mystagogen, Roald Amundsen, durch den eigenwilligen Umgang mit der Wahrheit das Zwielicht der Fakten aufrechterhielt.

1909 hatte er sich in «Gads danske Magasin» dafür verbürgt, *daß Cook auf oder nahe dem Nordpol gewesen war. Dafür steht sein Wort. Armer Peary! In Anbetracht der vielen Jahre Arbeit, die er auf den Pol verwandt hat, wundert es mich nicht, daß er sich nun grämt, wo er übertrumpft worden ist. So etwas ist allzeit schmerzlich.*[253] Doch jetzt, 1925, schilderte er in *Die Jagd nach dem Nordpol*, wie er *stets der Ansicht war, daß Peary dort als Erster gewesen ist*[254].

Auch Amundsen wußte nicht.

Der «Entdecker des Magnetischen Nordpols» verlor sogar an jenem Punkt Kompetenz, an dem sie ihm einst sicher schien. Denn als Aage Graarud und Nils Russeltvedt endlich, nach neunzehn Jahren, «Die erdmagnetischen Beobachtungen der Gjöa-Expedition 1903–1906»[255] – wenngleich immer noch als «vorläufige Mitteilung»![256] – veröffentlichten, schränkten sie den Ertrag jenes Unternehmens mit dem Hinweis ein: «Das Material reicht, wie man versteht, nicht zu, um detaillierte magnetische Karten über das Polargebiet aufzuzeichnen.»[257]

Wollte Amundsen mithin nach dem rauschenden Empfang bei der Rückkehr von seinem «N 25»-Survival die Gunst der Stunde nutzen und nicht wieder wie 1908 bei dem Strohfeuer nach seinem Nordpol-Vortrag eine freundliche Stimmung im Land verrauchen lassen, mußte er zum Ergötzen des hochgeschätzten Publikums eine neue «Effektnummer»[258] einstudieren.

Deshalb nahm er, solange die ursprünglich auf den Pol gerichtete Planung der «Dornier-Wal»-Mission noch als Mannschaftsheimlichkeit gehütet werden konnte, dem eben verpatzten Kunststück jeden Ruch des Fehlschlags und gab es als *eine Rekognoszierungs-Expedition für den später beabsichtigten Flug über das Polarmeer*[259] aus. Der aber sollte nach den Enttäuschungen mit der «W 34» und der «N 25» diesmal mit der «Norge» veranstaltet werden, einem Luftschiff.

Die «Norge» über dem Kongsfjord

Seit am 2. Juli 1900 der erste – durch Ferdinand Graf von Zeppelin entworfene – lenkbare gasgefüllte Leichtmetallzylinder über dem Bodensee aufgestiegen war, hatte sich die Entwicklung und Verwendbarkeit solcher Fahrzeuge dermaßen rasant ausgedehnt und beschleunigt, daß mit ihnen schon 1910 ein regelmäßiger Güterverkehr in Deutschland betrieben wurde; 1917 bewältigte die «L 59» eine Tour von Bulgarien nach dem Sudan und zurück, fast siebentausend Kilometer, in fünf Tagen; Nachfolgemodelle wie die «LZ 126» reisten unterdessen zehntausend Kilometer über den Atlantik.

Was bedeuteten demgegenüber 1925 die reichlich dreitausend Kilometer von Spitzbergen nach Alaska?

Kaum daß Amundsen aus derlei Überlegung die Konsequenz gezogen hatte, stilisierte er sein Berennen des Nordpols, sein Belagern und Wieder-und-wieder-Bestürmen, dieses zäh und verbissen werdende Ringen um den Schatz des Saturn, als einen logischen evolutionären Prozeß, in dem sich seine Methodik Stufe um Stufe der immer höher entwickelten Technik gleichsam nachsteigerte, sie einholte und zu einer Verbündeten machte, die ihm schließlich den Erfolg wie von selbst bescherte – als Lohn für überlegtes Vorgehen.

Doch so war das nicht.

Vergleicht man nämlich Amundsens, Riiser-Larsens und Ellsworths Erinnerungen an den Sommer 1925 miteinander, dann läßt sich daraus keineswegs die reflektierte Kontinuität filtern, in deren Kulmination der Sieg verliehen wurde – was übrigbleibt, ist statt dessen die leichtsinnige Unstetigkeit, auf deren Schlingerkurs irgendwann das Glück winken mochte, gemäß *dem Sportgeist, der in jenen Gegenden herrschen sollte*[260], überhaupt durchs Ziel gekommen zu sein.

Denn schon bevor die «N 24» und die «N 25» von Spitzbergen gestartet waren, hatte Riiser-Larsen dem «Chef» mitgeteilt, daß die italienische Regierung bereit sei, ihr Luftschiff «N 1» zu veräußern. Lincoln Ellsworth hatte sich darauf erboten, den Preis von hunderttausend Dollar aus eigener Schatulle zu bezahlen. Aber der fortgeschrittene Countdown erlaubte Amundsen keinen Fahrzeugwechsel mehr. In einem Augenblick des Freimuts gab er 1927 zu: *Nie hätten wir uns mit den Flugbooten begnügt, wenn wir eine solche Möglichkeit geahnt hätten. Unser Plan war ein vollständiges Überfliegen des Eismeeres, über den Nordpol von Kontinent zu Kontinent. Für das Gelingen dieses Plans bestand mit Flugbooten eine gefahrvolle Wahrscheinlichkeit, doch wir waren entschlossen gewesen, um dieser Wahrscheinlichkeit willen alle Gefahren in Kauf zu nehmen.*[261]

Abgesehen davon, daß diese Aussage die *Rekognoszierungs*-Retusche noch einmal widerlegt, zeigt sie, in welcher Zwanghaftigkeit Amundsen zum Nordpol drängte. Dabei ist es gleichgültig, ob er mit den schnellen Dorniers einen Konkurrenten ausschalten wollte oder ob ihm seine Obsession den Blick für das richtige Transportmittel getrübt hatte – in jedem Fall war sein Sinnen und Trachten nicht länger auf den Gebrauch des wie immer zu definierenden besten Materials gerichtet.

Das Luftschiff bot dem Besessenen nach einem Jahrzehnt der gescheiterten Hoffnung schlicht und einfach die letzte Chance. Und die ergriff er mit ungebrochenem Enthusiasmus!

Im Juni hatte sich Amundsen mit seinen Leuten nach Kongsfjord gerettet. Im Juli war er nach Oslo heimgekehrt. Im August handelte er in Rom den Kaufvertrag über die «N 1» aus. Und im September, während das Fluggerät schon für die Transpolarfahrt bereit gemacht wurde, ging er auf eine Vortragsreise. Dabei schlug ihm in Deutschland an vielen Stellen blanker Haß entgegen.

Seit Amundsen 1917 seine deutschen Dekorationen zurückgegeben hatte, war die Haltung zu seiner Person hierzulande durchwuchert von einem starken nationalistischen Ressentiment. Erst im Juni hatte sich Hanns Heinz Ewers, nachmals Autor eines von Adolf Hitler angeregten Horst-Wessel-Romans, darüber empört, daß «dieser neutrale Norweger»[262] von der deutschen Marine mit einem Salut geehrt worden war. Als nun obendrein bekannt wurde, daß die Einnahmen aus Amundsens Referaten dem Unterhalt eines Luftschiffes dienen sollten – wo doch das Reich nach dem Ersten Weltkrieg seine «Zeppeline» an die Sieger ausliefern mußte! –, fühlten sich dieselben völkischen Eiferer aufs neue provoziert. Die Stimmung war dermaßen angeheizt, daß Hugo Eckener, Deutschlands berühmtester Aviatiker, die «Deutsche Zeitung» vom 7. September 1925 vorsichtshalber verbreiten ließ: «Als ich Amundsen zum ersten Male sah [...], wußte ich noch nichts von seiner deutschfeindlichen Einstellung; als ich an Amundsen ein Telegramm nach Spitzbergen sandte, in dem ich ihn zu seiner beendeten Nordpolfahrt beglückwünschte, war ich in jener Hinsicht noch ebenso ununterrichtet. Ich hatte in diesem Telegramm die Zusammenarbeit bei der Erforschung der Arktis angeregt; als ich aber kurz darauf erfuhr, welchen Standpunkt Amundsen Deutschland gegenüber erhalten hatte, war ich mir sofort klar, daß ein Zusammengehen mit ihm unmöglich sei.»[263] Zehn Tage später drohte eine Horde von Demonstranten damit, Amundsens Auftritt in der Krolloper in Berlin zu sprengen. «Das Haus war bis auf den letzten Platz besetzt, und dann wurde die Veranstaltung eröffnet; ein Polizeioffizier trat an die Rampe und gab bekannt, daß im Zuschauerraum verstreut Beamte in Zivil säßen und beim geringsten Anzeichen eines Protests Arretierungen vornehmen würden. Daraufhin blieb es still.»[264]

Das anschließende Souper mit Käthe und Gustav Stresemann im Hotel Adlon dürfte Amundsen versöhnt haben – sofern ihn das Gegröle rechtsradikaler Krawallmacher überhaupt beeindruckt hatte. Ihm war anderes wichtiger.

Er hatte sich um die Koordination der Reisevorkehrungen zu kümmern und war nach wie vor gezwungen, Geld heranzuschaffen. Auf Spitzbergen mußten ein Ankermast und ein Hangar für die «N 1» gebaut werden. Es galt, die Route für ihre Überführung von Ciampino zum Kongsfjord festzulegen. Eine Mannschaft war auszuwählen. Die Abnahme des umgerüsteten Fahrzeugs stand bevor. Doch als Oscar Wisting, der getreueste von Amundsens Getreuen, am 29. März 1926 die norwegische Fahne an die «N 1» heftete und das Luftschiff auf den Namen «Norge» taufte, waren alle Vorbereitungen derart weit gediehen, daß das Unternehmen unter guten Bedingungen fortgesetzt werden konnte.

So verließ die «Norge» Italien am 10. April. Sie berührte Pulham in England, ging hinüber nach Oslo und Leningrad, flog dann weiter nach Vadsö am Varangerfjord in Nordnorwegen und traf nach 7600 Kilometern am 7. Mai am Kongsfjord auf Spitzbergen ein.

Als Kapitän des Schiffes hatten wir den besten Mann gewonnen, den es gab, Oberst Umberto Nobile, der die «Norge» entworfen und gebaut hatte. Er hatte nach Vollendung dieses Luftschiffes mehrere erfolgreiche Flüge damit gemacht. Wir beglückwünschten uns, als wir uns Nobile gesichert hatten, und wir stimmten darin überein, daß wir damit einen Treffer gemacht hatten.[265]

Dennoch lag der Befehl über das Projekt allein in den Händen von Amundsen und Ellsworth, und zwar von diesen gemeinsam, was der Norweger – als hätte er nie etwas anderes gedacht und als würde er nicht im folgenden Jahr das Gegenteil vertreten – in einem Dialog begründete. *Man hat vielfach gesagt: «Ja, aber keiner von den beiden ist ein erfahrener Flieger und daher zur Leitung einer Flugexpedition befähigt.» Darauf gibt es eine einfache Antwort: «Wie oft ist es schon geschehen, daß die Leiter einer Polarexpedition mit Navigation und Seemannskunde nicht vertraut waren und daher einen Navigator anstellen mußten?»*[266]

Er nahm es mittlerweile, wie es kam...

Er brachte es sogar fertig, den Amerikaner Richard Evelyn Byrd auf die Wangen zu küssen, als dieser nach einem fünfzehnstündigen Flug am Nachmittag des 9. Mai 1926 im Kongsfjord landete: er hatte in einer Fokker-Maschine mit seinem Piloten Floyd Bennett von Spitzbergen her als Erster aus der Luft den Nordpol inspiziert und dort ein Sternenbanner abgesetzt.[267]

Amundsen war in Sorge gewesen, beim Ausbleiben von Byrds «Josephine Ford» moralisch zu einer Suchaktion verpflichtet zu sein und den eigenen Trip verschieben zu müssen. Deshalb milderte die Rückkunft der Amerikaner jenen Schmerz, wie Scott damals am Südpol nun selbst auf den letzten Metern zum Nordpol deklassiert worden zu sein – und dies von einem Gerät, das mit dem Luftschiff angeblich nicht gleichziehen konnte!

Mithin war Amundsen frei.

Als zudem die meteorologischen Aussichten am 11. Mai 1926 günstig waren, nahm die Besatzung ihre Plätze in der «Norge» ein. Insgesamt waren sie sechzehn Mann, darunter neben Amundsen, Ellsworth und Nobile noch Hjalmar Riiser-Larsen, Oscar Omdal und Oscar Wisting (Gennadij Olonkin war kurz vor dem Start krank geworden und mußte aus der Truppe ausscheiden).

Dann, *um 9 Uhr 55 vormittags wurde das Kommando «Loslassen» gegeben, und leicht und graziös stieg die «Norge» in die frische, herrlich klare Luft auf.*[268]

Was nun folgte, die Überwindung jener Sisyphos-Zeit des Träumens und Sich-Schindens und Immer-aufs-neue-zurückgeworfen-Werdens, dieser auch seelische Höhenflug über den Pol, war so lapidar, daß Roald Amundsen und Lincoln Ellsworth[269] lediglich sechs Seiten brauchten, um ihn zu beschreiben. Daher beschränkten sie sich in Ermangelung anderer Sujets auf die Betonung der mannschaftlichen Harmonie. *Der Flug konnte nur unter den freundschaftlichsten Beziehungen aller Teilnehmer durchgeführt werden, und wir können den phantasiereichen Herren der ausländischen Presse die Versicherung geben, daß es nie einen friedlicheren und ruhigeren Aufenthaltsort als die Gondel der «Norge» während ihres Fluges gegeben hat.*[270]

Sanft schwebte das Luftschiff dahin: unter sich nichts als das unermeßliche Weiß-Grau des Eises und über sich nichts als das grenzenlose Blau des Himmels. Riiser-Larsen hantierte mit dem Sextanten. Und am Morgen des 12. Mai, nach einer Fahrt von fünfzehneinhalb Stunden, um 1:25 Uhr, sagte er: *«Jetzt sind wir da!»*[271] Fahnen werden abgeworfen, und Eierlikör wird getrunken.

Amundsen hatte Cooks Marsch zum Nordpol gepriesen. Dann akzeptierte er Pearys Ankunft am Nordpol. Nun, am 9. Mai 1926 um 17:00 Uhr, erlebt er Byrds Heimkehr vom Nordpol

In diesem Augenblick wendet sich Amundsen um und ergreift Wistings Hand. Kein Wort wird gesprochen.[272]

Dann wurden die Motoren, die gestoppt waren, wieder angelassen, und die «Norge» umzirkelte in mehreren Runden den Punkt, von dem aus alle Wege nach Süden weisen. «Nichts, aber auch gar nichts war da auszumachen – nur Eis, vom Druck aufgefältelt und vielleicht etwas weniger von Rillen durchzogen als anderswo, aber eindeutig driftend und sich, soweit das Auge reichte, umeinanderschiebend.»[273] Telegramme gingen ein zu Ellsworth' sechsundvierzigstem Geburtstag; Omdal, Wisting und Riiser-Larsen erhielten Beförderungen mitgeteilt; und es hagelte Gratulationen. Im Gegenzug schickte Fredrik Ramm, der sich als Korrespondent der

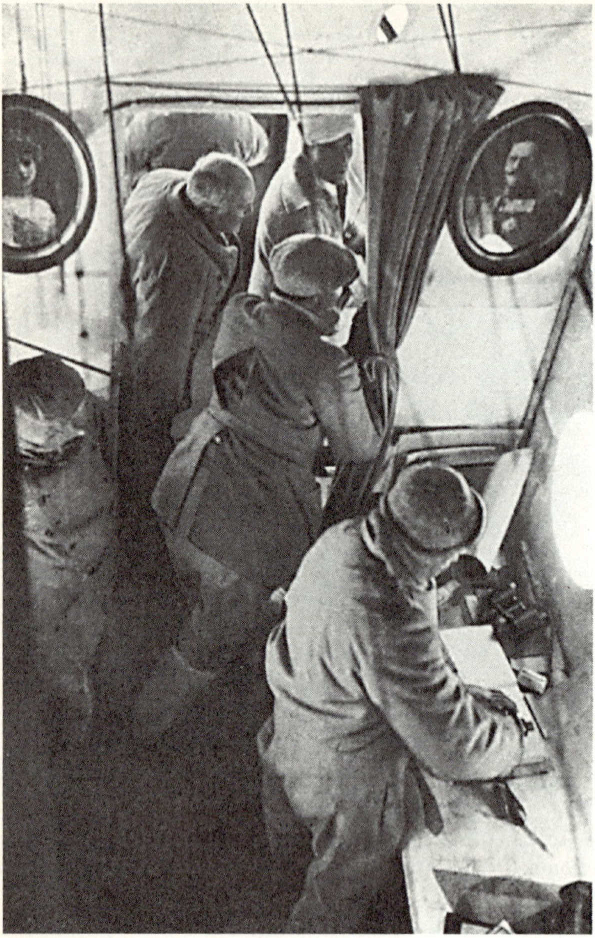

Nobile, Wisting, Riiser-Larsen und Birger Gottwald (von oben nach unten) in der Gondel der «Norge». Über ihnen hängen – wie schon im Salon der «Maud» – die Bildnisse von Königin Maud und König Haakon VII.

«New York Times» an Bord befand, Meldungen hinaus. «Was wir bisher in diesem Gebiet gesichtet haben, ist dieselbe Art von Eis wie auf der anderen Seite des Pols»[274], lautete der Funkspruch vom 12. Mai abends, als das Luftschiff bereits Kurs auf Point Barrow genommen hatte und die unerforschte Region der amerikanischen Arktis überkreuzte.

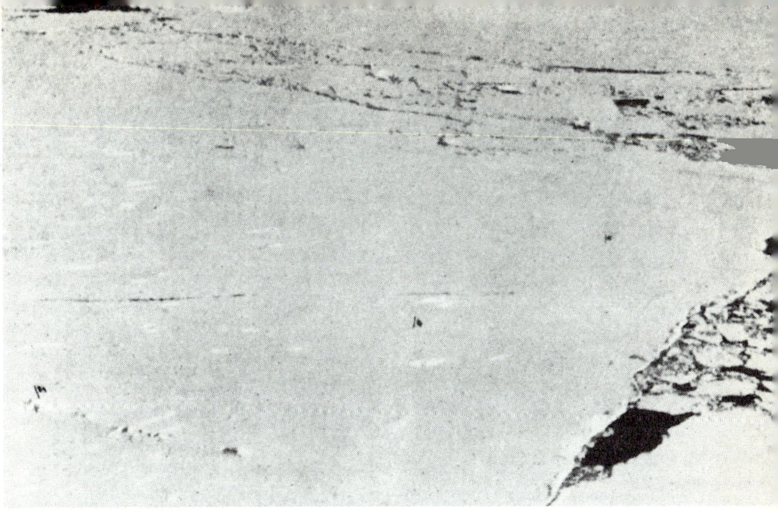

Der Nordpol – von rechts nach links gespickt mit den Fahnen Norwegens, der USA und Italiens

Danach brach der Kontakt zur Außenwelt ab. Die «Norge» geriet in dichten Nebel und verlor die Orientierung. Doch am nächsten Vormittag erkannten Amundsen und Omdal, daß sie eine Schleuse in die Vergangenheit passiert hatten, denn unter ihnen lag auf einmal Wainwright. *Ganz kurze Zeit darauf flogen wir über das uns so wohlbekannte «Maudheim», das Haus, das wir selbst erbaut und in dem wir ein Jahr lang gelebt hatten.*[275]

Dies war – vor allem, was Amundsen betraf – übertrieben. Indessen, wer wollte dem Vierundfünfzigjährigen nicht den Überschwang der Gefühle gönnen, seine Freude, allen irdischen Gewalten zum Trotz nun doch den Nordpol geschaut zu haben: nicht mehr als Erster; und als Dritter oder Vierter auch nur – selbsechzehnt. Aber wer wollte das bekritteln?

Amundsen sah sich am Ziel seiner Wünsche.

Nobile brachte die «Norge» am Morgen des 14. Mai um 8:00 Uhr Greenwicher Zeit bei Teller, nordwestlich von Nome, *glänzend*[276] herunter. Dann schliefen sich die Männer aus. Und als im Juni der Hafen von Nome eisfrei war und die «Victoria» die Besatzung des Luftschiffs nach Seattle befördern konnte, nahm der Siegeszug der Aeronauten seinen Lauf durch Länder und Städte und Straßen und Säle – bis vor den König in Oslo, Haakon VII.

Amundsen und Ellsworth hatten der Welt erst mit der «N 25» und jetzt mit der «Norge» ein hinreißendes Spektakel geboten. «Eine wissenschaftliche Bedeutung» freilich, schrieb die «Geographische Zeitschrift»,

Einige Mitglieder der Besatzung hatten Post auf den Flug Spitzbergen–Nordpol–Alaska mitgenommen. Während die Italiener über eigens hierfür gedruckte Gedenkmarken verfügten, mußte sich Riiser-Larsen mit den zwei Jahre zuvor ausgegebenen Karten «In Commemoration of Amundsen's Trans-Polar Flight 1924» begnügen und diese durch einen Sonderstempel à jour bringen lassen

«kommt keinem der beiden Flüge zu, nicht einmal unsere Kenntnis von der Topographie des Nordpolargebietes scheint durch sie erweitert worden zu sein […].»[277] Sie waren, wie es Sven Hedin, der schwedische Asienforscher, formulierte, «nur Sport, wenn auch ein besonders vornehmer und bewundernswerter Sport»[278].

Dessen Ausübung hatte Roald Amundsen alles geopfert.

Als er nämlich im Juli 1926 sein Haus am Bunnefjord wieder betrat, gehörte es ihm nicht mehr. Es war in die Masse jenes Konkurses eingegangen, bei dem er auch die «Maud» verloren hatte. Bevor sein Heim jedoch demselben Schicksal ausgeliefert wurde wie sein Schiff, hatten es Peter Christophersen und Fredrik Herman Gade, die alten Freunde, ersteigert und dem Großen Äquilibristen für den Rest seiner Tage zur Verfügung gestellt.

Geborgen, aber mittellos, setzte sich Amundsen als Kostgänger zur Ruhe. Er hatte die Nordwestpassage gefunden, den Südpol erobert, die Nordostpassage durchfahren und den Nordpol überflogen. «Viel hatte das an Zeit und Geld verschlungen. Deshalb stand Amundsen nun in Armut da, in größerer Armut denn damals, als er sein tatenreiches Leben angefangen hatte.»[279]

Der Misanthrop (Eher wohl ein Trauerspiel)

«Haushalten», schrieb Fridtjof Nansen, «und Wirtschaften war nun einmal nicht Amundsens starke Seite.»[280] Klingende Münze galt ihm stets nur als Mittel zum Zweck, Expeditionen auszurüsten. Als Wertmaßstab persönlichen Wohlstands oder als nervus rerum des bürgerlichen Umgangs hat es ihm nie etwas bedeutet. *Ich bedaure es keine Sekunde*, sagte er im Gespräch mit Odd Arnesen, *daß ich mein Lebtag nicht dem Geld nachgejagt bin. Sein Besitz macht im Grunde nicht reich.*[281]

Das war ein kynisches Wort – ein Sympathie heischender Ausdruck der Bedürfnislosigkeit und doch der reine Widerspruch zur Selbstverwirklichung in einem Handeln, das per saldo die Konten von anderen belastete. Denn als Roald Amundsen 1927 Bilanz über die Vergangenheit zog, wies er im Soll *ein Defizit von ungefähr 75 000 Dollar*[282] aus und im Haben die Summe: *Es ist mir beschieden gewesen, alles zu vollenden, was ich mir vorgenommen hatte.*[283]

Amundsen redete ein wenig wie der Phantast und flunkernde Kreditjongleur August, die Hauptgestalt jener drei «Landstreicherromane», die Knut Hamsun zur selben Zeit verfaßte und in denen er – wenn auch unter erzählerischer Verfremdung – vieles von dem aufgriff, was in Norwegen gegenwärtig relevant war: die staatsgefährdende Krise der einheimischen Banken, die sich zuspitzenden Konflikte zwischen Unternehmern und Werktätigen sowie die steigende Arbeitslosigkeit, die im Jahre 1927 mit fünfundzwanzig Prozent ihren höchsten Stand erreichte. «[…] Verzweiflung breitete sich aus, und niemand lächelte mehr. Nein, niemand lächelte mehr. Die Leute begegneten einander und sahen zu Boden.»[284]

In einer Depressionsphase, in der fast jede vierte Familie im Lande von Existenzsorgen geplagt war, fühlten sich weitaus mehr Menschen zum Beispiel vom Schicksal eines August Weltumsegler betroffen als von dem jenes retirierten Abenteurers, der sich unlängst glücklich gepriesen hatte, Männer anzuführen, *die nicht für kürzere Arbeitszeit streikten*[285]. Und weil er zudem aufgehört hatte, Highlights in Aussicht zu stellen, bei deren Verfolgung sich das Identifikationsbedürfnis des einzelnen befriedigen oder der Chauvinismus der Masse anstacheln ließ, verschwand

Roald Amundsen schnell erst aus den Schlagzeilen, dann aus den Kleinen Meldungen… – bis es schließlich still um ihn war.

Das Angebot eines Konsortiums von Amerikanern, ihm eine archäologische Exkursion in die Beringstraße zu finanzieren, hatte er ausgeschlagen; doch der Einladung der japanischen Zeitung «Hochi Shimbun» zu einer Vortragsreise über die Inseln Nippons war er 1927 noch nachgekommen. Dabei wurde irgendwo ein unscharfes Foto geschossen, auf dem Roald Amundsen leicht gebeugt, den Hut in der Hand, unter einem Baldachin hindurchgeht, welchen junge Pfadfinder, die Beine in verschrumpelten Strümpfen, mit ihren Wimpeln gebildet haben – und auf dem für gewöhnlich versteinerten Gesicht des Entdeckers erkennt man den Anflug eines Lächelns.

Diese unverkrampfte Daseinsnähe war eines der letzten Paradoxa in Amundsens an Widersinn so prallem Leben, denn sie machte für einen Augenblick die Tatsache vergessen, daß jener Held der westlichen Welt sich daheim – scheinbar zur Muße und mit Würde – in die Abgelegenheit und Isolierung von «Uranienborg» verkrochen hatte. «[…] hier ging er», entsann sich Oscar Wisting später, «geruhsam und behaglich seinem Alltag nach, nur beachtet von denen, die ihn schätzten und in all den Jahren zu ihm gehalten hatten»[286]. Seine Fernenlust war erschöpft.

Roald Amundsen kochte für sich, er wusch selbst seine Wäsche, putzte die Stuben und bestellte den Garten, und allmählich ordneten sich die banalen Verrichtungen in der Klause am Rand des Bunnefjords zum vertrauten Rhythmus einer Überwinterung, der die Gedanken hinausgleiten ließ… nach Nome in Alaska… «Maudhafen»… «Framheim»… «Gjöahafen»… nach dem südlichen Eismeer vor Grahamland… und dann kehrten sie wieder zurück und wurden nicht etwa von der umfassenden Würdigung großer Taten in Empfang genommen, sondern stießen ebendort auf Ablehnung, wo Amundsen seit 1900 Bestätigung gesucht hatte: in der Wissenschaft.

Voller Stolz hatte er am 15. November 1900 als Student unter den Fittichen Georg von Neumayers an der Seewarte Hamburg in seinem Tagebuch vermerkt: *Aß heute zusammen mit Prof. N. & Prof. Drygalski, dem Leiter der bevorstehenden deutschen Antarktis-Expedition, zu Mittag.*[287] Um so schockierender mußte es deshalb für Roald Amundsen sein, daß am Ende seiner Explorerkarriere die vernichtendste Kritik des Erreichten gerade durch Erich von Drygalski vorgetragen wurde. Im Seitenblick auf das «N 25»-Unternehmen hatte der Alderman der internationalen Geographie 1926 – zum fünfundzwanzigjährigen Jubiläum des Antritts jener *deutschen Antarktis-Expedition* – in der «Zeitschrift der Gesellschaft für Erdkunde zu Berlin» über die Trendwende in der polaren Forschungsmethodik geschrieben, daß die Besatzungen der letzthin ausgesandten Flugapparate «nichts anderes berichten als von Kraftleistungen unserer Welt und von Fortschritten der Technik, also von dem, was sie

Amundsen in Japan, 1927

selbst hineintrugen, nichts von dem, was sie fanden»[288]. Durch dieses Diktum war der Norweger als *Forscher* mit abschließender Gültigkeit kompromittiert.

Verpönt, verschuldet und vereinsamt wurde Roald Amundsen verbittert. Und da es niemanden gab, der seine Klagen zerstreute, steigerte er sich in den Zustand jenes Zorns, gegen den – wie Hjalmar Riiser-Larsen es einmal ausgedrückt hat – «das Erdbeben von San Francisco oder der Untergang von Pompeji eine lächerliche Kleinigkeit»[289] waren.

Klang nicht noch manchem im Ohr, wie Amundsen bereits in *Die Nordwest-Passage* Mitbürger beschimpft hatte, die *das Recht zu haben meinten, alles zu tadeln und zu bekritteln, was andre unternahmen oder unternehmen wollten*[290] – nur weil diese Leute nicht bereit gewesen waren, ihm ihr Geld für seine Reise zu schenken? Wer hatte vergessen, wie Amundsen mit Johansen umgegangen war? Und wer erinnerte sich nicht an Amundsens Schmähung jener Einwohner von Nome, die in der Landung der «Norge» keinen Anlaß zu wildem Freudentaumel gesehen hatten? *Wir wußten aus eigener Erfahrung, wie das Leben in Abgeschlossenheit, fern von der übrigen Welt, auf ein gesundes, vernünftiges Denken wirkt. Schon ein Jahr läßt tiefe Spuren zurück. Um wieviel mehr beeinflußt es die, die hier im hohen Norden jahraus jahrein in Weltabgeschiedenheit leben. Ohne daß sie es gewahr werden, zieht sich ihr Gehirn mehr und mehr auf ein Minimum zusammen, und man kann sich vorstellen, in welcher Geistesverfassung diese Leute mit dem wenigen Gehirn, das sie übrig behalten, alle Dinge beurteilen.*[291]

Zwölf Monate sollten vergehen, nachdem Roald Amundsen diese Zeilen veröffentlicht hatte, da sah sich Fridtjof Nansen, der promovierte Neurologe, gezwungen, eine ähnliche Diagnose zu stellen – freilich nicht über die armen Seelen von Nome, sondern über den immer befremdlicher werdenden Entdecker jener soziogenen Zerebralatrophie.

Blindwütig nämlich wie der Hidalgo von der Mancha witterte Amundsen mit einem Mal rings um sich herum lauter Riesen, und da machte er sich anheischig, so böses Gezücht vom Angesicht der Erde wegzufegen. Derart schwer bezwingbar dünkte ihn der Feind, daß Roald Amundsen drei Umläufe auf das Hauen und Stechen verwandte.

Der erste – gleichsam das warming up – fand auf einem fernen Schauplatz statt: in der amerikanischen Zeitschrift «The World's Work» vom Sommer 1927. Hier wurden die Erzschufte vorgestellt – zunächst zwei Gegner, die keine namentliche Einführung verdienten: Leon, der sich 1924 gegen die üble Nachrede durch seinen Bruder zur Wehr gesetzt hatte und jetzt nur *Gefährte*[292] und *mein Sekretär*[293] genannt war; sowie Adrien de Gerlache, der Versager aus den Jahren 1897 bis 1899, den Amundsen lediglich als *belgischen Seemann*[294] streifte; außerdem Lord Curzon, der Präsident der «Royal Geographical Society», der in *durchsichtig verschleierter Beleidigung*[295] 1912 ein dreifaches Hoch auf die Hunde Amundsens ausgebracht habe; dann Rolf Thommessen, der Sprecher des Aero Clubs von Norwegen, ein Kerl, der sich *aller Urteilskraft beraubt*[296] am Ende als Schranze des schlimmsten aller Schurken erweisen sollte: Umberto Nobiles, in dem sich so viel Schlechtigkeit vereinte, daß zwischen *unverschämt*[297] und *kindisch*[298], *dünkelhaft*[299] und *egoistisch*[300] kein Attribut zu stark war, diesen *Emporkömmling*[301] zurechtzustutzen, denn das wurmte den Norweger nach wie vor, daß es Nobile im Juni 1926 gelungen war, in Seattle die Meinung zu verbreiten, die

Schon zu Beginn der zwanziger Jahre hatte Lincoln Ellsworth seinem Vater versichert: «Ich brauche keine irdischen Güter, keine Paläste oder Villen und kein Geld, um damit irgendeinem Luxus zu frönen.» Als er dann nach dem Tod des schwerreichen Magnaten unter anderem Schloß Lenzburg in der Schweiz geerbt hatte, bot er es – wie Odd Arnesen berichtet hat – Roald Amundsen zum Geschenk an. Der jedoch verfügte über keinerlei Mittel, eine solche Immobilie zu unterhalten, und schlug die Gabe aus. Indessen wäre wohl auch ein vermögender Wikinger der Weltmeere nicht mit Yankee-Lässigkeit ins alpenländische Rittermilieu zu verpflanzen gewesen

«Norge»-Expedition sei *hauptsächlich ein italienisches Unternehmen und Nobile mit uns* (das heißt: Amundsen und Ellsworth) *der Hauptbefehlshaber*[302] gewesen.

Je häufiger sich dann die Medien mit dem «Norge»-Abenteuer befaßten, desto schmerzlicher mußte Amundsen erkennen, daß dem Wagestück wenig Respekt auf dem Feld der Geographie, reichlich aber auf dem Gebiet der Flugtechnik gezollt wurde – wo Umberto Nobile herrschte. Nobile hatte die «Norge» erdacht, Nobile hatte die «Norge» gebaut, und Nobile hatte die «Norge» – *Hut ab vor dem Kapitän des Schiffes*[303] – über das Eismeer gesteuert.

Da nahm Roald Amundsen einen zweiten Anlauf zum Gigantensturz und widmete in seinem Buch *Mitt liv som polarforsker*[304] *(Mein Leben als Entdecker)* weite Strecken des Textes dem Nimbus des Rivalen. Und nichts mehr stand da wie ein Jahr zuvor noch von dem *besten Mann […]*, *den es gab*, von *Hut ab* und von *glänzend* – statt dessen wurde dem Italiener ein Hagel von Verbalinjurien, Indiskretionen und Diffamierungen entgegengeschleudert, daß manchem beim Lesen Hören und Sehen verging.

Denn weil Nobile sein Licht nicht in falscher Bescheidenheit unter den Scheffel gestellt hatte, sondern mit berechtigter grandezza in vielbesuchten Vorträgen erstrahlen ließ, war der Schatten seiner Erscheinung vor Amundsen zu einem Popanz angewachsen, hinter dem alle anderen Ränkeschmiede verblaßten.

Mit dem ingrimmigen Verweis auf *diese Frechheit*[305], *den albernen Offizier*[306] samt *seiner aufgeblasenen Person*[307] – das ging hin bis zur Zuordnung unter *Menschen dieser halbtropischen Rasse*[308] – beschuldigte Amundsen den Ex-Kameraden, in unerlaubter Weise über seine Erlebnisse berichtet zu haben, sich bis heute unbefugt auf einen Platz in der Leitung der «Norge»-Mission zu drängeln und ohne die geringste Hemmung das Banausentum fortzusetzen, das bereits die Crew belästigte. Er habe navigatorische Fehler begangen, mehr Fähnchen am Pol abgeworfen als die Vertreter der übrigen Nationen und sich zum Verdruß Roald Amundsens bis zum letzten Tag, der Ankunft in Seattle, nicht unterordnen wollen. *Mein Ärger vergrößerte sich noch, als es mir klar wurde, daß Nobile den Punkt, an dem die Laufplanke vom Deck herabgelassen würde, genau berechnet und sich dort aufgestellt hatte, um als erster an Land zu gehen und so den Anschein erwecken zu können, als führe er die Expedition vom Schiffe.*[309]

Es war ein Rasen und Raufen, Ach-und-Wehgeschrei, Zerren und Zetern; und als sich nach einer Weile der Staub auf der Walstatt zu senken begann, sah sich der Streiter vom Flügel der Mühle in hohem Bogen durch die Luft gewirbelt, so daß er benommen die Fakten, die für Dritte nachprüfbar waren, seinerseits verdrehte: denn die Beobachtungen der atmosphärischen Elektrizität zum Beispiel waren nicht *auf Ersuchen des Pariser Curie Instituts*[310] vorgenommen worden, sondern im Auftrag des Staatlichen Tschechoslowakischen Radiologischen Zentrums; und es war auch nicht Ellsworth gewesen, der sie besorgt hatte, sondern Finn Malmgren, «wie im übrigen eine darauf bezügliche wissenschaftliche Publikation beweist»[311]. Und als ob Roald Amundsen nicht mehr begriffe, was er schrieb, zitierte er Briefe und Depeschen, aus denen erhellte, daß Umberto Nobile getreu den Abmachungen zwischen sich und dem Aero Club von Norwegen gehandelt hatte, der sämtliche Geschäfte der «Norge»-Fahrt abwickelte. Amundsen hatte diese Verträge entweder nicht aufmerksam gelesen oder sich nicht gründlich um ihr Zustandekommen gekümmert. In jedem Fall war ihm entgangen, daß Nobile durchaus die Genehmigung besaß, vom «Volo Transpolare 1926 (Amundsen – Ellsworth – Nobile)»[312] zu sprechen und sich öffentlich über «den technischen und aeronautischen Teil»[313] der Reise zu äußern.

In derselben Vereinbarung stand auch ein Artikel, «wonach [der] Gesamtbericht über [die] Expedition von Amundsen, Ellsworth und Nobile gemeinsam verfaßt wird»[314]. Da sich Amundsen freilich an diesen Passus nicht gebunden fühlte und Nobile von der Mitautorschaft an *Der erste Flug über das Polarmeer* ausschloß, war das der einzige faktische Kontraktbruch innerhalb des «Norge»-Komplexes. Und deshalb gab es, als Amundsens furor abgeklungen war, nur einen Mann, der in seinen Referaten laut über Missetat und Schnödigkeit hätte klagen können: Umberto Nobile.

Umberto Nobile

Während Nobile aber mit der Souveränität des Gerechten zu all den Anwürfen schwieg – er sollte im Oktober Rolf Thommessens Mitteilung erhalten, daß Amundsen «nicht ganz normal ist»[315] –, bereitete die «Royal Geographical Society» in London einen Konterschlag gegen den Einsiedler bei Oslo vor.

Unter dem Datum des 28. Juli 1927 sandte der Vizepräsident der Gesellschaft, Hugh Robert Mill, ein Schreiben an Amundsen, in dem er sich die Ausfälle gegen Lord Curzon in «The World's Work» und *Mein Leben als Entdecker* verbat und zugleich den Schluß der Laudatio in Erinnerung rief, die Lord Curzon am 15. November 1912 auf den Norweger gehalten hatte: «[…] ich wünschte, wir könnten den Ausdruck unserer Bewunderung auch den prachtvoll gearteten, faszinierenden Hunden vermitteln, diesen treuen Freunden des Menschen, ohne die Captain Amundsen nie zum Pol gelangt wäre. Ich darf Sie bitten, Ihre Zustimmung durch Ihren Applaus zu bekunden.»[316] Überdies wies er darauf hin, daß sowohl bei den Zusammenkünften der Gesellschaft als auch bei den nachfolgenden Dinners «so etwas wie das Ausbringen eines dreifachen Hochs unbekannt ist»[317], und er verlangte eine Geste des Bedauerns und einen Widerruf von Amundsen.

Da bäumte sich der Ritter von der immer trauriger werdenden Gestalt noch einmal auf und ließ die «Royal Geographical Society» durch einen Adlatus wissen: «Sein bisheriges Wirken und seine Laufbahn sollten

Kein Prunksaal und nicht länger unter dem Dach des eigenen Hauses, aber dennoch ein sicherer und bequemer Altersruhesitz: der Salon in «Uranienborg»

Anlaß genug für Sie sein zu verstehen, daß er weder heute zurücknehmen wird, was er gestern geschrieben hat, noch daß er sich dafür entschuldigen wird.»[318] Am 21. November 1927 vermochte die Gesellschaft lediglich, den Austritt Amundsens als Korrespondierendes Ehrenmitglied zu bestätigen.

Es war in diesem Winter sehr kalt in Norwegen geworden, und es war viel Schnee gefallen. Und derweil der Misanthrop vom Bunnefjord auf der Ostseite des Oslofjordes «in jeder Hinsicht wie ein Eremit»[319] hauste, hatte sein Übervater Nansen am anderen Ufer einen Brief des fassungslosen Hugh Robert Mill bekommen.

«Privat und vertraulich»[320] ging Fridtjof Nansen darauf am 29. Dezember 1927 ein: «Ich begreife Amundsens ganzes Verhalten in der letzten Zeit nicht; eine Menge seltsamer Dinge ist geschehen, und die einzige Deutung, die ich dafür liefern kann, ist die, daß etwas bei ihm nicht mehr stimmt. Es hat ja schon früher ein- oder zweimal ähnliche Vorfälle gegeben; doch jetzt habe ich den Eindruck, als sei er ganz und gar aus dem Gleichgewicht geraten und für seine Handlungen nicht länger voll verantwortlich. Wirklich. Ich habe ihn seit mindestens einem Jahr nicht gesehen und auch das Buch über sein Leben und all das Unrecht, das ihm widerfahren sein soll usw., nicht gelesen (und auch nicht vor, es zu tun); aber ich denke, es gibt eine Reihe untrüglicher Anzeichen dafür, daß er verrückt geworden ist.»[321]

Dort möchte ich einmal sterben

Nansen hatte in der Eröffnung, daß sein Protegé von einst «verrückt geworden ist», zudem eine dunkle Prognose gestellt: «Solange das nirgends bekannt ist oder in Betracht gezogen wird, richtet Amundsens Gebaren sicher noch viel Unheil an.»[322]

Doch war er nicht nach allen Fehden nun fertig mit der Welt?

Er verkaufte, um eine Rate des Schuldenabtrags aufzubringen, seine Orden und Medaillen für fünfzehntausend Kronen an den Fabrikanten Conrad Langård (der sie pietätvoll der Universität stiftete) und erklärte, daß er keine Dekorationen mehr annehmen werde. Er schickte Jacob Stenersen Worm-Müller, der ihn für das Handbuch der norwegischen Seefahrtsgeschichte um einen Artikel über Entdeckungsreisen und wissenschaftliche Expeditionen gebeten hatte, mit *Opdagelsesreiser og videnskabelige ekspeditioner*[323] ein Manuskript, das deshalb denkwürdig bleibt, weil es das letzte ist, das er geschrieben hat. Und er heftete den beiden Piloten George Hubert Wilkins und Carl Eielson, die am 16. April 1928 in einundzwanzig Stunden von Point Barrow über den Nordpol nach Spitzbergen geflogen waren und anschließend Oslo besuchten, auf «Uranienborg» eine Goldbrosche des Aero Clubs ans Revers.

Ansonsten aber lebte Roald Amundsen wie der egomane Traumhüter John Gabriel Borkman in Henrik Ibsens Drama gemütsgeschädigt und menschenscheu dahin. «Er ging auf keine Gesellschaft, und die Anzahl der Freunde, die zu ihm hinausfuhren, war äußerst gering; am liebsten war es ihm, man ließ ihn ganz allein.»[324]

Freilich, sagte er zu Oscar Wisting, *wenn man mich ruft und meiner Hilfe bedarf oder wenn ich das Gefühl habe, ich könnte von Nutzen sein, dann werde ich schon kommen.*[325]

Welcher Autor hätte es gewagt, seiner Saga einen so folgewidrigen und erschütternden Schluß anzudichten, wie ihn das Geschick nach diesem Versprechen für Roald Amundsen vorsah: holte doch ein versöhnliches Los den immer weiter in Erinnerungsferne driftenden Sonderling aufs neue in den Mittelpunkt der allgemeinen Anteilnahme, um ihm dort den Ruf des «Ruhmvollen» zu sichern – als eines fairen Zweikämpfers und aufopfernden Mitstreiters in einer band of brothers.

Da mochten die Animositäten zwischen Amundsen und Nobile noch so groß sein – nach außen hin besaßen diese Männer mehr Einendes denn Trennendes. Sie waren abenteuergierig, hatten jeder für sich ihre «Isle of Golden Dreams» und schätzten nicht zuletzt, was Thomas Griffith Taylor, Scotts Geologe, einmal für alle Pioniere reklamiert hatte: «Meiner Meinung nach macht das Zusammenleben mit auserlesenen Gefährten, die besonders befähigt sind, sich fremder Umgebung und schwierigen Verhältnissen anzupassen, den Reiz des Lebens in der Antarktis aus. Die Wüsten Australiens oder die Wildnis Spitzbergens würden mir in Gesellschaft dergleichen Kameraden wohl genau so gefallen!»[326]

Solch eine «Gesellschaft dergleichen Kameraden» bildeten die Entdecker insgesamt, so daß die Gefährdung des einen – und sei er auch ein Konkurrent – die Loyalität des anderen hervorrief. Das hatte sich am unvergeßlichsten einst an den vierzig Suchexpeditionen nach John Franklin gezeigt und war auch als Ehrensache von Amundsen anerkannt worden, da er nach dem Start von Byrd am 9. Mai 1926 im Kongsfjord fürchtete, daß der Amerikaner auf seiner Polschleife verunglücken könnte und *wir deswegen unseren eigenen großen Plan des Fluges nach Alaska möglicherweise hätten fallen lassen müssen*[327].

Insofern entsprang Amundsens Entschluß, zur Bergung eines Havaristen noch einmal in die Arktis aufzubrechen, sowohl dem Beistandsethos der Explorer als auch der Versicherung zu kommen, wenn man *meiner Hilfe bedarf.* Was seiner Bereitwilligkeit indessen das Format von unvermuteter Hochherzigkeit verlieh und die pikareske Ritterlichkeit in christliche Nächstenliebe wandelte, war der Umstand, daß der zu Rettende kein anderer war als Amundsens Intimfeind Umberto Nobile!

Bereits nach der Landung in Teller zwei Jahre zuvor hatte sich der capitano geschworen – zumal «das wissenschaftliche Resultat der ‹Norge›-Expedition [...] nicht groß war»[328] –, den Flug mit einer Mannschaft zu wiederholen, die unter seinem Kommando stehen würde.

Beraten neben anderen von Oscar Wisting und Hjalmar Riiser-Larsen sowie tatkräftig gefördert von Finn Malmgren – alles Vertraute Amundsens, die keinen Anlaß sahen, sich ihrem alten Weggenossen zu versagen –, hatte Nobile daraufhin das Schwesterschiff der «Norge», die «Italia», mit einer Reihe von Apparaten für astronomische und atmosphärische, meteorologische und magnetische, biologische und ozeanographische Messungen ausstatten lassen. Er wollte dem norwegischen Querulanten eine gehörige Antwort erteilen; und die sollte durch den naturkundlichen Beutezug eines italienischen Luftschiffs erfolgen.

Die «Italia» startete am 15. April 1928 in Mailand mit einer achtzehnköpfigen Besatzung, darunter Finn Malmgren und der Prager Physikdozent František Běhounek. Am 6. Mai hatte sie nach Stationen in Stolp und in Vadsö Spitzbergen erreicht und am 23. Mai die Reise zum

Roald Amundsen, 1927

Nordpol fortgesetzt, den sie am 24. Mai mit sechzehn Personen an Bord überflog, zwei Stunden lang umkreiste und gegen 2:20 Uhr mit Kurs auf den Kongsfjord verließ.

Währenddessen hatte sich das Wetter verschlechtert, und Nobile war gezwungen, das Luftschiff durch dicke Dunstschwaden zu schieben, deren Feuchtigkeit sich auf die Ballonhülle legte, gefror und so viel Ballast bildete, daß die «Italia» ihren Auftrieb verlor. Mit immer größer werdender Sinkgeschwindigkeit glitt sie auf den Packeisgrund zu, schleifte plötzlich auf ihm entlang, scheuerte die Führergondel ab und schoß, wie durch einen Blitzschlag von diesem Fremdkörper befreit, wieder hoch, sechs Männer mit sich reißend – und entschwand am Horizont. «Wir spähten alle hin und gewahrten eine dünne Rauchsäule, die sich klar vom Himmel abzeichnete, wo er vom Nebel frei war.»[329] Die «Italia» war in Flammen aufgegangen. Und seit dem 25. Mai 1928, 10:30 Uhr, hatte Nobiles Versorgungsschiff, die «Città di Milano», keinen Kontakt mehr mit der Expedition.

Die letzten Nachrichten hatten besagt, daß man schwer gegen Unsichtigkeit, Wind und Nässe anzukämpfen habe; und so war, als die Funksprüche von der «Italia» weiterhin ausblieben, evident, daß sie verunglückt sein mußte. Schon am nächsten Tag schickte deshalb die italienische Regierung ein Hilfeersuchen an den norwegischen Ministerpräsidenten Johan Ludwig Mowinckel, woraufhin im Osloer Verteidigungsministerium noch am selben Abend eine Runde von Arktisspezialisten zusammentrat. Gekommen war Nansens Kapitän Otto Sverdrup, daneben der Spitzbergen-Forscher Gunnar Isachsen sowie Tryggve Gran, der als Ski-Experte zu Scotts Train gehört hatte. Gekommen waren ferner Oscar Wisting und Hjalmar Riiser-Larsen. Gekommen war zudem Roald Amundsen.

Und auch wenn die Teilnehmer der Konferenz keinerlei Angaben über die Position der «Italia» besaßen, beschlossen sie doch, umgehend die beiden Flieger Hjalmar Riiser-Larsen und Finn Lützow-Holm zu einer first-aid-Sondierung abzustellen.

Mit dieser Initiative begann am 26. Mai eine internationale Aktion, zu der bald einundzwanzig Flugzeuge, sechzehn Schiffe und mehrere Schlittengespanne ausgesandt wurden – und zwar aufs Geratewohl, weil sich die Einsätze der Teams erst koordinieren ließen, nachdem man am 6. Juni das Lager der Überlebenden bei 80° 30' nördlicher Breite und 28° 00' östlicher Länge angepeilt hatte. Aber da waren schon die wertvollsten Chancen zum Beistand vertan. Und wer wußte das besser als Roald Amundsen?

Fieberhaft hatte er deshalb in der Zwischenzeit alle Hebel in Bewegung gesetzt, um eine Maschine zu beschaffen, mit der er auf eigene Faust zur Suche Nobiles aufsteigen könnte. Doch er war, da er nur wenige Spendengelder bekam, erfolglos geblieben.

Das erfuhr am Abend des 13. Juni der norwegische Geschäftsmann Fredrik Peterson in Paris aus der Zeitung. Und von nun an ging es wie am Schnürchen: am 14. war in den Latham-Werken bei Caudebec-en-Caux

Zu denen, die Umberto Nobile und seine Leute retten wollten, gehörte der schwedische Pilot Einar Lundborg, dessen «Fokker C-VD» sich jedoch bei der Landung neben dem Lager der Verunglückten überschlug, so daß auch der Helfer nun der Hilfe bedurfte

ein Hydroplan vom Typ «Latham 47» besorgt, am 15. wurde er zugerüstet, am 16. hob er mit einer französischen Equipe unter René Guilbaud von der Seine ab, und in der Nacht vom 16. auf den 17. Juni 1928 wasserte er vor dem Hafen von Bergen. Morgen sollte Amundsen aus Oslo hinzustoßen; und am 18. Juni sollte er die Befreiung Nobiles erzwingen.

Zuvor jedoch feierte er.

Denn heute, fast auf die Stunde genau, jährte sich zum fünfundzwanzigstenmal das Datum, an dem Roald Amundsen auf der «Gjöa» von Kristiania zu seiner glücklichen Fahrt durch die Nordwestpassage aufgebrochen war. Viele glaubten daher, daß sein Unternehmen von einem guten Stern geleitet wäre, als er in der Nacht vom 16. auf den 17. Juni 1928 Oslo mit der Eisenbahn verließ. Morgen würde Amundsen in Bergen eintreffen; und am 18. Juni würde er die Heimholung Nobiles erreichen.

Welch eine grandiose réunion!

Und keiner von den fröhlichen Abschiedsgästen auf dem Perron des Osloer Bahnhofs wußte, daß Amundsen am Ende des jüngsten Besuchs von Fritz Gottlieb Zapffe auf «Uranienborg» ein japanisches Schmuckkästchen genommen und der Frau seines Freundes mit der Bemerkung geschenkt hatte: *Nehmen Sie das [...] zur Erinnerung an mich.*[330] Keiner der Winkenden wußte, daß er soeben siebentausendfünfhundert Kronen, den Rest seiner Barschaft, hinterlegt hatte, um die letzten Schulden

Das letzte Foto von Roald Amundsen – aufgenommen am 18. Juni 1928 gegen 16:00 Uhr

zu tilgen; seinem Rechtsanwalt hatte er gesagt: *Machen Sie mich zu einem freien Mann.*[331] Und keiner, der den Zug in der Dunkelheit entschwinden sah, wußte, daß Amundsen im Verlauf eines Interviews mit dem italienischen Journalisten Davide Giudici ins Schwärmen über die weiße Unendlichkeit der Arktis geraten war: *Ach, wenn Sie je gesehen hätten, wie herrlich es da oben ist. Dort möchte ich einmal sterben.*[332]

In der Nacht vom 16. auf den 17. Juni 1928 reiste Roald Amundsen nach Bergen. Hier begrüßte ihn die Besatzung der «Latham 47», auch Leif Dietrichson war gekommen, und gemeinsam flogen sie nach Tromsö weiter, wo sie in der Frühe des 18. Juni niedergingen. Sie ließen das Flugboot auftanken, ruhten sich ein wenig aus, aßen noch etwas, und gegen 14:00 Uhr gab Amundsen den Befehl zum Aufbruch.

Um 16:00 Uhr wurde die «Latham 47» in die Mitte des Sundes gezogen, dann wurden die beiden Motoren gezündet. Noch konnte man die unverwechselbare Silhouette Amundsens im Heck des Hydroplans erkennen. Schwer hob die Maschine ab, kam höher und höher, und allmählich wurde sie kleiner.

Der Kapitän Roald Amundsen bewegte sich unabänderlich in nördlicher Richtung.

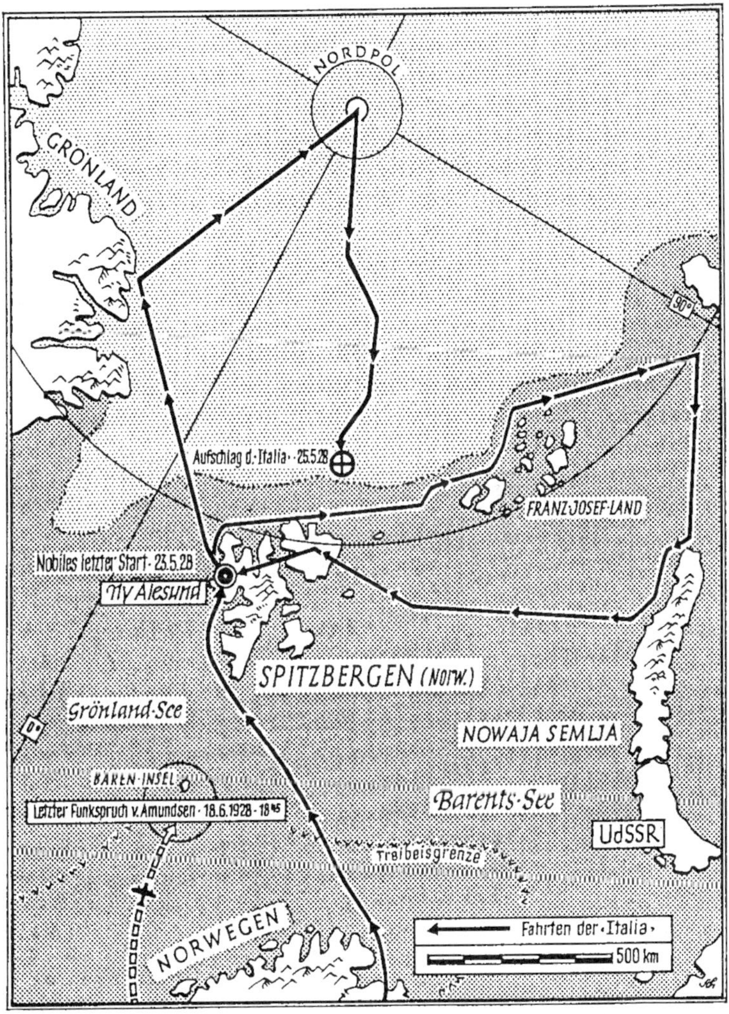

Nobiles Routen in der Arktis. Nach Hans-Otto Meissner, 1982. – Zunächst hatte er zwischen dem 15. und 17. Mai 1928 eine fast siebzigstündige Rundreise über dem östlichen Eismeer unternommen, bevor er am 23. Mai mit der «Italia» zum Nordpol aufbrach und während des Heimflugs am 25. Mai aufs Treibeis stürzte. Amundsen, der ihn am 18. Juni von dort zurückholen wollte, kam indessen nicht weit: er startete um 16:00 Uhr im Tromsö-Sund, und um 18:45 Uhr brach die Funkverbindung mit seiner «Latham 47» ungefähr zweihundert Seemeilen, das sind dreihundertsiebzig Kilometer, nordwestlich von Tromsö über dem Meer ab

Historie und Mythos

Umberto Nobile wurde am 23. Juni 1928 zusammen mit seinem Schoßhündchen Titina aus dem arktischen Inferno ausgeflogen und erfreute sich hernach eines langen und erfüllten Daseins. Er starb dreiundneunzigjährig am 30. Juli 1978 in Rom.

Wenige Wochen vor seinem Tod hatte er noch in der Weltpresse die Gedenkartikel zur fünfzigsten Wiederkehr des Jahrestages seiner «Katastrophe im Eis»[333] lesen können – Aufsätze, die stets auch Nachrufe auf Roald Amundsen enthielten.

Denn seit der Skipper Peder Hansen Katfjord am Nachmittag des 18. Juni 1928 beobachtet hatte, wie die «Latham 47» ungefähr achtzig Kilometer nordwestlich von Tromsö über dem Meer in eine Nebelwand eindrang, war die französische Maschine mit Roald Amundsen an Bord überfällig.

Der Dampfer «Marita» hörte am selben Abend in diesem Gebiet schwache SOS-Signale; der Trawler «Brodd» fischte Ende August bei der Vogel-Insel den linken Schwimmer der «Latham 47» aus dem Wasser; und im Oktober fand der Kutter «Leif» vor der Mündung des Trondheimfjordes einen Benzintank des Flugboots. Doch obwohl da bereits «fast alle aus der Literatur der zeitgenössischen Polarforschung bekannten Schiffe»[334] zur Suche nach den Verschollenen ausgeschwärmt waren, blieben dies die einzigen Zeichen eines rätselhaften Geschehens.

War Amundsen mit seinen fünf Begleitern in die See gestürzt und ertrunken? Oder hatte er sich retten können und überlebt, so wie er die Notlandung mit der «N 24» und «N 25» überstanden hatte? War er darauf in jenen Strichen untergetaucht, in denen ihn das Postulat gesellschaftlicher Normen nicht mehr behelligen konnte – «dort draußen, wo der eigne Wille Gesetz ist»[335]?

Diese Ruhe, dieser absolute Friede – das Gefühl vollkommener Freiheit: tun zu können, was man will. Man braucht sich vor keinem Menschen zu genieren. Denn es herrscht totale Individualität. Und das mag ich. Man fühlt sich überhaupt nicht einsam. Nur Ruhe ist da und Friede und Freiheit. Natürlich gibt es nichts, wozu man diese Freiheit nutzen kann. Man hat sie einfach. Und das ist genug. Niemand hebt seine Stimme und sagt,

14. Dezember 1928 auf der Karl Johansgate in Oslo: da niemand sagen konnte, wann Roald Amundsen umgekommen war, hatte die norwegische Regierung alle Bürger im Lande dazu aufgerufen, am Jahrestag der Eroberung des Südpols für zwei Minuten jedwede Arbeit ruhen zu lassen und des Entdeckers zu gedenken

dieses und jenes darfst du nicht tun. Man lebt und tut allein, was man zum Leben tun muß […]. Ich stelle mir vor, dasselbe gilt auch für den Dschungel. Nur ist dort mehr Leben. In der großen Wüste an den Polen ist nichts außer einem selbst.[336]

«Asozial»[337] hat Odd Eidem deshalb Roald Amundsen genannt. Und was waren alle seine Expeditionen und Exkursionen und Explorationen auch sonst, wenn nicht die Wiederholung des immergleichen Hinaus: hinaus aus der Pflicht, Vorlesungen zu besuchen… hinaus aus der Notwendigkeit, seinen Unterhalt zu bestreiten… hinaus aus dem Gebot, seine Schulden zu bezahlen… hinaus aus dem Zwang, sich einem Regelsystem anzupassen, in dessen Endzweck Roald Amundsen nichts Positives ausmachen konnte?

«Entbehrt man denn nicht, wenn man da oben im Eis sitzt», fragte Ludvig Saxe den Entdecker 1921 in Seattle, «die ‹Segnungen der Zivilisation›?»[338] Und Amundsen entgegnete: *Das erste, was wir sahen, als wir hier ankamen, war: wie ganz Amerika kopfstand wegen eines Boxkampfs – wegen zwei Männern, die sich auf den Schädel droschen. Und als wir norwegische Zeitungen aufschlugen, wurden wir mit demselben Klamauk konfrontiert. Das soll Zivilisation sein? Am liebsten hätten wir uns umgedreht und wieder Kurs nach Norden genommen.*[339]

Dabei verursachten Amundsens Fluchten dieselben prickelnden Schauder, welche die Fights jener Gladiatoren erzeugten! «Es ist eine Freude, in dieser langen Friedenszeit, die uns beschieden ist, noch Männer zu finden, die bereit sind, für eine Idee ihre Haut zu Markte zu tragen.»[340] Prinz Heinrich, der Bruder des Deutschen Kaisers Wilhelm II., hat es am 3. Januar 1911 fertiggebracht, das auszudrücken, was das globale Interesse an Amundsens Leistung damals geweckt (und bis heute wachgehalten) hat. Und waren ehedem die Daumen der erregten Menge aufwärts gestreckt, duldete der Glorreiche die Gunst; waren sie indes nach unten gesenkt, verließ er trüben Sinns die Arena und sehnte sich nach dem ewigen Eis.

«Amundsen», schrieb Lincoln Ellsworth, «war im Herbst 1924 in den Staaten eingetroffen, desillusioniert und deprimiert. Er hatte gehofft, mit seinen Vorträgen so viel Geld zu verdienen, daß er weitere Forschungsreisen ausrichten könnte, mußte dann jedoch lernen, daß das nicht mehr möglich war. Da nahm er sich vor, in eine Hütte zu gehen, die ihm bei Wainwright gehörte, hoch droben im Norden Alaskas, in der Nähe von Point Barrow; dort wollte er den Rest seiner Tage verbringen.»[341]

Zwar hielten ihn die Subventionen seines amerikanischen Bewunderers davon ab, diesen Schritt in die Einöde zu vollziehen. Aber als Roald Amundsen vier Jahre später von der Mission mit der «Latham 47» nicht zurückgekehrt war und Freunde und Bekannte ihre Erinnerungen an den Verlorenen publizierten, stellte sich heraus, daß seine Stimmung vor dem Abschied in Oslo jener ähnlich war, die Lincoln Ellsworth geschildert hatte. Wen überrascht es da, daß aus der Spekulation, ob Amundsen mit dem Leben davongekommen sei, das Gerücht erwuchs, er habe sich – wie zuvor geplant – in Alaska niedergelassen?

Noch am 22. März 1950 informierte die «Nordwestdeutsche Rundschau» ihre Leser in drei Spalten über einen mysteriösen Trapper, der sich bei den Eskimos von Port Bay aufhielt: «Der geheimnisvolle Pelzjäger hatte dasselbe charakteristische Profil, die gleiche scharfe Adlernase und die gleichen tiefen Falten im Gesicht wie der vermißte Polarforscher. Auch zeigte sich, daß er erstaunliche Kenntnisse über die geographischen und klimatischen Verhältnisse des hohen Nordens besaß. Auf die Frage […], wer er sei, antwortete der Unbekannte: ‹Amundsen›!»[342]

Damit bleibt die Saga Roald Amundsens am Ende offen wie das Schicksal seines berühmten Landsmanns Olaf Tryggvissohn. Der war im Jahre 1000 bei einer Schlacht in der Ostsee «unter Wasser»[343] geraten. «Und wie sich nun auch die Sache zugetragen haben mag, jedenfalls kam König Olaf Tryggvissohn niemals seitdem wieder in sein Reich Norwegen zurück.»[344] Viele Anhänger des Fürsten glaubten trotzdem, daß er weiterhin «lebend wäre»[345]: ein Wanderer auf dem Weg in die Zeit- und die Ortlosigkeit jener Vorstellungswelt, in der die Helden der Historie, des Mythos und der Phantasie sich versammeln, die Gestalten tauschen und ungealtert abrufbar sind – Odysseus, Hatteras und Don Quijote … und Roald Amundsen.

Ist Roald Amundsen gestorben?

Anmerkungen

Alle fremdsprachigen Texte, zu denen keine deutschen Nachbildungen vorliegen, wurden vom Verfasser übertragen.
Die in Klammern stehenden Jahreszahlen hinter Werktiteln geben das Datum der Erstveröffentlichung des jeweiligen Originals an.

1 Um dem deutschen Leser die Lektüre zu erleichtern, wird der norwegische Buchstabe Ø bzw. ø im Text dieses Bandes durchweg mit Ö bzw. ö wiedergegeben.

2 Umberto Eco: Das Foucaultsche Pendel (1988). Aus dem Italienischen von Burkhart Kroeber, München–Wien 1989, S. 31.

3 Stefan Zweig: «Der Kampf um den Südpol. Kapitän Scott, 90. Breitengrad, 16. Januar 1912», in ders.: Sternstunden der Menschheit. Zwölf historische Miniaturen (1927), Frankfurt am Main 1958, S. 228.

4 Lion Feuchtwanger: «Polfahrt», in ders.: Venedig (Texas) und vierzehn andere Erzählungen, New York 1946, S. 164 f.

5 Manfred Karge: Die Eroberung des Südpols, Frankfurt am Main 1987, S. 15.

6 Roland Huntford: Scott und Amundsen. Dramatischer Wettlauf zum Südpol (1979). Aus dem Englischen von Arnold Loos, München 1984 (= Goldmann Sachbuch 11372), S. 418.

7 Julius (sic!) Verne: Abenteuer des Kapitän Hatteras I–II (1864 f., resp. 1866), Wien–Pest–Leipzig [5]o. J. [nach 1874] (= Collection Verne I, 9–10).

8 Odd Arnesen: Roald Amundsen som han var, Oslo 1929, S. 205.

9 Ole Bang: «Det går et navn fra land til land» (1928), in Olaf Hanssen. Minnekvede um Roald Amundsen, Oslo 1942 (= Sonderdruck aus: Polar-Årboken 1942), S. 36 f.

10 Die norwegische Hauptstadt Oslo trug zwischen 1624 und 1924 den Namen Kristiania; der Kristianiafjord ist demzufolge gleichbedeutend mit dem Oslofjord.

11 Dieses und die übrigen Details in diesem Kapitel stammen zumeist aus Haakon Anker Veel: Roald Amundsen. Slekt og miljø, Halden 1962; hier S. 31 und S. 34.

12 Nach Veel: Amundsen, S. 60.

13 Nach Veel: Amundsen, S. 81.

14 Nach Veel: Amundsen, S. 94.

15 Björnstjerne Björnson: «Norwegisches Seemannslied» (1868), in ders.: Gesammelte Werke I, hg. von Julius Elias. Aus dem Norwegischen von Christian Morgenstern, Berlin 1911, S. 56.

16 Abgedruckt in: Norges melodier. 500 norske sange for piano med underlagt tekst IV, Kopen-

hagen–Leipzig–Kristiania–Bergen o. J., S. 36 f.

17 Kåre Holt: Scott/Amundsen. Wettlauf zum Pol (1974). Aus dem Norwegischen von Monika Hack, Wien–Hamburg 1976, S. 8.

18 Veel: Amundsen, S. 114.

19 Julius Payer: Die österreichisch-ungarische Nordpol-Expedition in den Jahren 1872–1874, nebst einer Skizze der zweiten deutschen Nordpol-Expedition 1869–1870 und der Polar-Expedition von 1871, Wien 1876, S. 7.

20 Nach Veel: Amundsen, S. 116.

21 Jan de Vries: Altnordisches Etymologisches Wörterbuch, Leiden [3]1977, S. 258, S. 259 und S. 641.

22 Hans Jæger: Kristiania-Boheme (1885). Aus dem Norwegischen von Niels Hoyer, Hamburg 1921.

23 John Franklin: Narrative of a Journey to the Shores of the Polar Sea, in the Years 1819, 20, 21, and 22, London 1823; deutsch: Reise an die Küsten des Polarmeeres in den Jahren 1819, 1820, 1821 und 1822, Weimar 1823–1824 (= Neue Bibliothek der wichtigsten Reisebeschreibungen etc. 36).

24 John Franklin: Narrative of a Second Expedition to the Shores of the Polar Sea, in the Years 1825, 1826, and 1827, London 1828; deutsch: Zweite Reise (...) an die Küsten des Polarmeeres in den Jahren 1825, 1826 und 1827, Weimar 1829 (= Neue Bibliothek der wichtigsten Reisebeschreibungen etc. 51).

25 Roald Amundsen: Mein Leben als Entdecker. Mit (...) einem Vorwort (in Wirklichkeit: Nachwort) von Franz (d. i. František) Běhounek (1927). Aus dem Norwegischen von Georg Schwarz, Leipzig–Wien 1929, S. 10.

26 Vgl. Norske studenter der har absolveret examen artium ved Christiania Universitet eller de artiumsberettigede skoler, hg. von P. Botten-Hansen, Christiania–Kopenhagen 1895, S. 267. In diesem Verzeichnis wird Amundsen nicht als «stud. med.» geführt!

27 Laurentius Urdahl: «Roald Amundsens første høifjeldstur paa ski», in: Norsk Idrætsblad, julehefte 1912, S. 20.

28 Vgl. Det kongelige norske Fredriks universitets aarsberetning for budgetterminen 1892–1893 samt universitetets matrikul for 1893, Christiania 1894, S. 34.

29 Aarsberetning, S. 34. Die Negation in der Schlußbemerkung «non contemn(endus)», also: «nicht ungenügend», hat eine Reihe von Biographen Roald Amundsens zu der Aussage verleitet, er sei durch die Prüfung gefallen.

30 Amundsen: Leben, S. 12.

31 Amundsen: Leben, S. 28 f.

32 Amundsen: Leben, S. 26.

33 Georges Lecointe: Im Reiche der Pinguine. Schilderungen von der Fahrt der «Belgica» (1904). Aus dem Französischen von Wilhelm Weismann, Halle an der Saale 1904, S. 146.

34 Adrien de Gerlache: Voyage de la Belgica. Quinze mois dans l'Antarctique, Brüssel 1902, S. 183.

35 Lecointe: Im Reiche, S. 32.

36 Vgl. letzthin den Roman von Sten Nadolny: Die Entdeckung der Langsamkeit (1983), München [11]1988 (= Serie Piper 700) sowie den Ausgrabungsbericht von Owen Beattie und John Geiger: Der eisige Schlaf. Das Schicksal der Franklin-Expedition (1987). Aus dem Englischen von Uta Haas, Köln [2]1989.

37 Roald Amundsen: XXI. Tagebuch vom 15. September bis 16. November 1900. Universitetsbiblioteket i Oslo, Signatur: Ms. 8° 1196 [7].

38 Zum Beispiel «Roal» in: Dreiundzwanzigster Jahresbericht über die Thätigkeit der Deutschen Seewarte für das Jahr 1900, Hamburg 1901 (= Beiheft II zu den Annalen der Hydrographie und Maritimen Meteorologie 1900), S. 8.

39 N. N.: «Geographische Neuigkeiten», in: Geographische Zeitschrift 8, 1902, S. 52.

40 Roald Amundsen: «En paatænkt undersøgelsesreise til den magnetiske Nordpol», in: Det Norske Geografiske Selskabs Aarbog 12, 1900–1901, S. 173.

41 Roald Amundsen: Die Nordwest-Passage. Meine Polarfahrt auf der Gjöa 1903 bis 1907. Nebst einem Anhang von Premierleutnant Godfred Hansen (1907). Aus dem Norwegischen von Pauline Klaiber, München 1908, S. 9.

42 Amundsen: Nordwest-Passage, S. 35.

43 Amundsen: Nordwest-Passage, S. 64, nennt als Datum den 27. September; dies aber ist, wie aus dem Kontext hervorgeht, einer der nicht seltenen Fehler dieses Buches.

44 Amundsen: Nordwest-Passage, S. 112.

45 Amundsen: Nordwest-Passage, S. 146.

46 Amundsen: Nordwest-Passage, S. 148.

47 Fridtjof Nansen: Eskimoleben (1891). Aus dem Norwegischen von Margarete Langfeldt, Leipzig–Berlin 1903.

48 Amundsen: Nordwest-Passage, S. 299.

49 Wie Anm. 48.

50 Amundsen: Nordwest-Passage, S. 333.

51 Wie Anm. 50.

52 Die erste Botschaft, die 1903 auf Beechy Island zurückgelassen worden war, hatte eine kanadische Expedition gefunden und umgehend verbreitet (vgl. u. a. Hugo Wichmann: «Geographischer Monatsbericht», in: Petermanns Mitteilungen 50, 1904, S. 249 f.); die zweite Nachricht, jene von 1904, erreichte die Fachpresse gleichfalls nur ein Jahr später (vgl. u. a. N. N.: «Geographische Neuigkeiten», in: Geographische Zeitschrift 11, 1905, S. 710).

53 Vgl. Detlef Brennecke: Fridtjof Nansen, Reinbek bei Hamburg 1990 (= rowohlts monographien 411), S. 63.

54 Amundsen: Nordwest-Passage, S. 360.

55 Amundsen: Nordwest-Passage, S. 385.

56 Die hanebüchene Geschichte ist nachzulesen bei Peder Ristvedt: «Med Roald Amundsen på sledetur til den magnetiske nordpol», in: Polar Årboken 1942, S. 100 f.

57 Amundsen: Nordwest-Passage, S. 395.

58 N. N.: «Festen for ‹Gjøa›–Mændene», in: Aftenposten/Morgennumer (Kristiania) vom 21. November 1906.

59 Wie Anm. 58.

60 N. N.: «Allgemeine Rundschau. Nach dem magnetischen Südpol», in: Beilage zur Allgemeinen Zeitung (München) vom 12. Dezember 1906.

61 Platon: Timaios (um 350 v. Chr.). Aus dem Griechischen von Hieronymus Müller, in Platon: Sämtliche Werke 5, hg. von Walter F. Otto et alii, Hamburg 1959 (= Rowohlts Klassiker der Literatur und der Wissenschaft 47), S. 185.

62 Nach Ole Jacob Skattum: Sydpolforskning. En utsigt over dens utvikling gjennem tiderne, Kristiania 1912 (= Sonderdruck aus Det Norske Geografiske Selskabs Aarbok 1910–1911), S. 7.

63 Nach Skattum: Sydpol-forskning, S. 9f.

64 Nach Captain James Cook: Entdeckungsfahrten im Pacific. Die Logbücher der Reisen von 1768 bis 1779, hg. von Archibald Grenfell Price (1965). Aus dem Englischen von Reinhard Wagner und Bernhard Willms, Stuttgart–Wien [6]1983 (= Alte abenteuerliche Reiseberichte), S. 44.

65 Wie Anm. 64.

66 Cook: Entdeckungsfahrten, S. 322.

67 Cook: Entdeckungsfahrten, S. 254

68 Samuel Taylor Coleridge: «Die Ballade vom alten Seemann» (1798/1800), in ders.: Gedichte. Englisch und deutsch. Übersetzt und hg. von Edgar Mertner, Stuttgart 1973 (= Reclams Universal-Bibliothek 9484–86), S. 55.

69 Edgar Allan Poe: Die denkwürdigen Erlebnisse des Arthur Gordon Pym (1838). Aus dem Amerikanischen von Gisela Etzel, Zürich 1985 (= Diogenes Taschenbuch 21267), S. 146 et passim.

70 Cook: Entdeckungsfahrten, S. 183.

71 Ich zitiere hier den Buchtitel von Heinrich Hubert Houben: Sturm auf den Südpol. Abenteuer und Heldentum der Südpolfahrer, Berlin 1934.

72 Nach Moritz Lindemann: «Der XI. Deutsche Geographentag in Bremen in der Osterwoche 1895», in: Deutsche Geographische Blätter 18, 1895, S. 176.

73 Nach Carsten Borchgrevink: Das Festland am Südpol. Die Expedition zum Südpolarland in den Jahren 1898–1900 (1905). Aus dem Norwegischen von N. N., Breslau 1905, S. 20.

74 Borchgrevink: Festland, S. 14.

75 Die Angabe von Himmelsrichtungen in polaren Gebieten ist zuweilen verwirrend. Wo also nicht unter Zugrundelegung der Sektoren «östlich von Greenwich» oder «westlich von Greenwich» ausdrücklich von «Ost-» oder «West-Antarktis» (oder «-Arktis») gesprochen wird, ergeben sich die Bezeichnungen «Osten» oder «Westen» aus der Sicht eines Betrachters, der mit dem Rücken zum Pol steht.

76 Borchgrevink: Festland, S. 424 f.

77 Borchgrevink: Festland, S. 424.

78 Borchgrevink: Festland, S. 429.

79 Roald Amundsen: Die Eroberung des Südpols. Die norwegische Südpolfahrt mit dem Fram 1910–1912 I–II (1912). Aus dem Norwegischen von Pauline Klaiber, München 1912; hier: Südpol I, S. 88.

80 Georg von Neumayer: Auf zum Südpol! 45 Jahre Wirkens zur Förderung der Erforschung der Südpolar-Region 1855–1900, Berlin 1901.

81 Huntford: Scott und Amundsen, S. 100.

82 Robert Falcon Scott: The Voyage of the «Discovery» I–II, London 1905.

83 Bei der Umkehr verspürte Scott «ein tiefes Gefühl der Enttäuschung» (nach der Ausgabe Robert Falcon Scott: The Voyage of the «Discovery» II, London etc. o. J. [ca. 1912], S. 82). Zehn Jahre später, als er ein zweites Mal in der Antarktis geschlagen den Rückzug antreten mußte, sollte er mit einer viel schlimmeren Frustration davonmarschieren.

84 N. N.: «‹Gjøa›-Expeditionens ankomst. Landstigningen. Det første velkommen», in: Aftenposten (Kristiania) vom 20. November 1906.

85 N. N.: «Geographische Neuigkeiten», in: Geographische Zeitschrift 13, 1907, S. 116.

86 Roald Amundsen: «The Northwest Passage», in: Harper's Monthly Magazine 114, 1907, S. 659–674.

87 Die Ehrenzeichen Roald Amundsens sind aufgelistet in Gunnar Hovdenak: Roald Amundsens siste ferd. Med et tillegg om Krassin-ferden av Adolf Hoel, Oslo 1934, S. 300–303.

88 Das Programm für 1908 ist verzeichnet in Ernestine Koch: Albert Langen. Ein Verleger in München, München–Wien 1969, S. 212 f.

89 Erich von Drygalski: «Rezension von Roald Amundsen ‹Die Nordwest-Passage. Meine Polarfahrt auf der Gjöa 1903 bis 1907›», in: Zeitschrift der Gesellschaft für Erdkunde zu Berlin 1908, S. 578.

90 So Admiral Mostyn Field in der Diskussion über Roald Amundsen: «To the north magnetic pole and through the North-West Passage», in: The Geographical Journal 29, 1907, S. 517.

91 Fridtjof Nansen: Northern Waters. Captain Roald Amundsen's Oceanographic Observations in the Arctic Seas in 1901 (= Videnskabs-Selskabets Skrifter. I. Mathematisk-Naturvidenskabelig Klasse 1906. No. 3), Kristiania 1906, S. 1.

92 Nansen: Waters, S. 2.

93 Fridtjof Nansen in der Diskussion über Amundsen: «To the north magnetic pole», S. 514.

94 Homer: Ilias XI: 430. Aus dem Griechischen von Johann Heinrich Voss, Stuttgart 1959 (= Reclams Universal-Bibliothek 249–53), S. 214.

95 Roald Amundsen: «Tale paa Fæstningspladsen», in: Aftenposten (Kristiania) vom 18. Mai 1907.

96 Wie Anm. 95.

97 Wie Anm. 95.

98 Vgl. z. B. Amundsen: Nordwest-Passage, S. 11 f.

99 Roald Amundsen: «Plan for en polarfærd 1910–1917. Foredrag tirsdag den 10. november 1908 med efterfølgende bemerkninger af professorerne Mohn og Nansen», in: Det Norske Geografiske Selskabs Aarbog 20, 1908–1909, S. 55–75.

100 Roald Amundsen: «A proposed north polar expedition», in: The Geographical Journal 33, 1909, S. 440–462.

101 Roald Amundsen: «Zur Erforschung des Nordpolarbeckens», in: Annalen der Hydrographie und Maritimen Meteorologie 37, 1909, S. 8–17.

102 Amundsen: «Erforschung», S. 16.

103 Robert Edwin Peary: Dem Nordpol am nächsten. Meine Entdeckungsreise mit der «Roosevelt». (1907). Aus dem Amerikanischen von N. N., Leipzig 1907.

104 Erich von Drygalski: «Die letzten Polarfahrten von Amundsen und Peary», in: Süddeutsche Monatshefte 5, 1908, S. 38 f.

105 Amundsen: «Erforschung», S. 16.

106 Amundsen: «Erforschung», S. 16 f.

107 Fridtjof Nansen in der Diskussion über Amundsen: «North polar expedition», S. 457.

108 Wie Anm. 107.

109 Ernest Henry Shackleton: 21 Meilen vom Südpol. Die Geschichte der britischen Südpol-Expedition 1907/09 I (1909). Aus dem Englischen von Frederick Becker, Berlin o. J. (1909), S. 94.

110 Shackleton: 21 Meilen I, S. 98.

111 Roald Amundsen: «Kampen om nordpolen og dens endelige errobring», in: Gads danske Magasin 1909–1910, S. 2.

112 Oscar Wisting: 16 år med Roald Amundsen. Fra pol til pol, Oslo 1930, S. 14.

113 Asbjørn Omberg: «Blader fra pionertiden. Roald Amundsens kontrakt», in: Polarboken 1977–1978, S. 134.

114 Helmer Hanssen: «Minner fra sydpolsturen», in: Polar-Årboken

1941, S. 14. Der Ozeanograph der Expedition, Alexander Stepanowitsch Kutschin, ein Russe, notierte mit einer ungemein treffenden Formulierung, was da gegen 18:00 Uhr auf der «Fram» eingesetzt hatte: «Es war wie eine Intoxikation» (nach William Barr: «Aleksandr Stepanovich Kuchin. The Russian who went south with Amundsen», in: Polar Record 22, 1985, S. 405).

115 Brief an Sven Hedin vom 24. August 1910 (vgl. Sven Hedin: «Roald Amundsen», in ders.: Stormän och kungar I, Stockholm 1950, S. 382; siehe ferner unten Anm. 193).

116 Nach N. N.: «Roald Amundsen gaar mot Sydpolen. ‹Fram›-færden utvidet», in: Morgenbladet (Kristiania) vom 2. Oktober 1910.

117 Wie Anm. 116.

118 Wie Anm. 116.

119 Nach Tor Borch Sannes: Die Fram. Abenteuer Polarexpedition (1989). Aus dem Norwegischen von Ursula Gunsilius, Hamburg 1987 (Hoffmann und Campe maritim), S. 198. Das Telegramm lautet im Original vollständig: «Beg leave to inform you ‹Fram› proceeding Antarctic. Amundsen» (vgl. The Norwegian with Scott. Tryggve Gran's Antarctic Diary 1910–1913. Edited by Geoffrey Hattersley-Smith. Translated by Ellen Johanne McGhie [née Gran]. Preface by Basil Greenhill, o. O. [London] 1984, S. 14).

120 Das Dokument ist verloren gegangen, aber rekonstruierbar, weil Scott selbst in einem Brief vom 14. Dezember 1910 an Fridtjof Nansen von jenem «telegram to ask Amundsen's intentions» spricht (vgl. Sannes: Fram, S. 198 sowie S. 199).

121 Nach Sannes: Fram, S. 198.

122 So in einem Brief Fridtjof Nansens an Clements Markham vom 4. April 1913, in Fridtjof Nansen: Brev III, hg. von Steinar Kjærheim, Oslo 1963, S. 194, Nr. 550.

123 Nach N. N.: «Roald Amundsen gaar mot Sydpolen».

124 Nach Sannes: Fram, S. 190.

125 Wie Anm. 124.

126 Roald Amundsen: «The navigation of the Antarctic icepack», in Frederick Albert Cook: Through the First Antarctic Night 1898–1899. A Narrative of the Voyage of the «Belgica» among Newly Discovered Lands and over an Unknown Sea about the South Pole, London 1900, S. 448–452. Cooks Buch erschien auf deutsch unter dem Titel: Die erste Südpolarnacht 1898–1899. Bericht über die Entdeckungsreise der «Belgica» in der Südpolarregion. Aus dem Amerikanischen von Anton Weber, Kempten 1903.

127 Amundsen: «Navigation», S. 451.

128 Vgl. Anm. 101.

129 Shackleton: 21 Meilen I, S. 96.

130 Amundsen: Südpol I, S. 146.

131 Amundsen: Südpol I, S. 254. Anzumerken ist obendrein, daß das «Kinderspiel» von Amundsens Expedition noch auf eine andere Weise Realität werden sollte: durch das bald nach 1911 entwickelte Brettspiel «Eine Reise an den Südpol», bei dem derjenige gewann, «der seine Reisekasse besonders gut eingeteilt hatte» (Heinke Kilian: «Mit Amundsen an den Südpol», in: Frankfurter Allgemeine Zeitung vom 24. April 1993). Es wurde während der Ausstellung «spiel mit» vom April 1993 bis zum Januar 1994 in der Kinderabteilung des Historischen Museums zu Frankfurt am Main gezeigt.

132 Amundsen: Südpol I, S. 263. Im übrigen waren sie zwei Tage früher als berechnet angekommen!

In der Bezeichnung der Tagesdaten herrscht bei Amundsen: Südpol I–II, ein Durcheinander. Der Grund hierfür ist die Tatsache, daß Amundsen mit der Überschreitung der Datumsgrenze auf dem 180. Längengrad von Westen nach Osten am 7. Januar 1911 nicht – wie eigentlich geboten – seine Notizen um einen Tag ‹zurückverlegt› und den 7. Januar also zweimal gezählt hat (vgl. Amundsen: Südpol I, S. 260, Anm. 1, und II, S. 900). Deshalb weichen seine Angaben nach dem 7. Januar gegenüber dem sonst üblichen Bezugssystem um +1 Tag ab (vgl. Arthur Robert Hinks: «The observations of Amundsen and Scott at the South Pole», in: The Geographical Journal 103, 1944, besonders S. 168 f.).

Amundsen hat später versucht, dies zu korrigieren (vgl. Südpol I, S. 23 f.), wobei er allerdings nicht konsequent genug zu Werke gegangen ist, so daß in manchen Kapiteln und auf den mitgelieferten Faksimiles nach wie vor die +1-Zeit gedruckt ist.

Wohl um es sich einfach zu machen, sind die meisten Autoren der Sekundärliteratur Amundsens Angaben gefolgt. In der vorliegenden Darstellung wird indessen die allgemein verbindliche Zählweise zugrunde gelegt – schon um den Tag der Ankunft am Südpol nach unserem Maßstab korrekt festzuhalten.

133 Amundsen: Südpol I, S. 302 f.

134 The Norwegian (vgl. Anm. 119), S. 63.

135 Kapitän (Robert Falcon) Scott: Letzte Fahrt I (1913). Aus dem Englischen von N. N., Leipzig 1913, S. 88.

136 Nach Tryggve Gran: «Et 50 års polarminne», in: Polarboken 1961–62, S. 56.

137 Nach Sannes: Fram, S. 206.

138 Sannes: Fram, S. 212.

139 In Amundsen: Südpol I, S. 495, steht «mittags 1/2 1 Uhr» – doch dies ist eine Fehlübersetzung des norwegischen «klokken 1/2 1 neste morgen», was nach heutigem Sprachgebrauch ‹0:30 Uhr› bedeutet.

140 Nach Sannes: Fram, S. 212.

141 Nach Bredo Henriksen: Polarfareren Hjalmar Johansen og Skien. Et minneskrift, Skien 1961, S. 90.

142 Nach Henriksen: Polarfareren, S. 85.

143 Amundsen: Südpol I, S. 367 f.

144 Amundsen: Südpol II, S. 501.

145 Noch dreißig Jahre später weckte die Polfahrt bei Helmer Hanssen Assoziationen an «Sang und Tanz» (vgl. Hanssen: «Minner», S. 16).

146 Amundsen: Südpol II, S. 520.

147 Amundsen: Südpol II, S. 606.

148 Amundsen: Südpol II, S. 610 und S. 612.

149 Amundsen: Südpol II, S. 614.

150 Scott: Fahrt I, S. 284.

151 Amundsen: Südpol II, S. 629.

152 Scott: Fahrt I, S. 76.

153 Scott: Fahrt I, S. 349.

154 Scott: Fahrt I, S. 352.

155 Roald Amundsen: Sydpolen. Den norske Sydpolsfærd med «Fram» 1910–1912 I–II, Kristiania 1912.

156 «Daß sich Amundsen auf dem Höhepunkt seiner Karriere noch die Zeit genommen hat, einen Gefährten in Mißkredit zu bringen, der zum Erfolg der Expedition – besonders im Stadium ihrer Vorbereitung – Unschätzbares beigetragen hatte, war ein Akt von ganz erstaunlicher Rach-

sucht» – so Ian Hinchliffe: «Frederik Hjalmar Johansen, polar explorer 1867–1913», in: Polar Record 21, 1983, S. 594.

157 Amundsen: «Erforschung», S. 17.

158 Amundsen: Südpol I, S. 274.

159 Wie Anm. 158.

160 N. N.: «Sidste Framfærd. Beretninger fra færden. Fra Sydpolen til Nordpolen. Framkarene i Bergen», in: Bergens Tidende vom 2. Juli 1912.

161 Wie Anm. 160.

162 Helmer Hanssen: Voyages of a Modern Viking, London 1936, S. 118.

163 Nach Huntford: Scott und Amundsen, S. 402.

164 Fridtjof Nansen: «Einleitung», in Amundsen: Südpol I, S. 7.

165 Nach N. N.: «Außerordentliche Sitzung zur Begrüßung von Herrn Roald Amundsen am 9. Oktober 1912», in: Zeitschrift der Gesellschaft für Erdkunde zu Berlin 1912, S. 638.

Nicht alle Berliner neigten damals zum Bombast, wie die von Heinz Knobloch erzählte Anekdote über den Mitarbeiter des «Berliner Tageblatt», Victor Auburtin, zeigt: «Als Schlußredakteur hatte Auburtin die Meldung von der Entdeckung des Südpols nur mit ein paar Zeilen unter ‹Letzte vermischte Nachrichten› gestellt, während die übrigen Blätter große Schlagzeilen brachten. Auf Vorwürfe antwortete Auburtin, es sei schließlich immer schon bekannt gewesen, daß der Südpol existieren müsse. Das Auffinden und Beflaggen sei ganz selbstverständlich, sei ‹nur der Punkt auf dem ohnehin bekannten i›. Daraufhin, heißt es, sei Auburtin als Korrespondent nach Paris versetzt worden.» (Heinz Knobloch: «Nachwort», in Victor Auburtin: Sündenfälle. Feuilletons, hg. von Heinz Knobloch, München–Wien 1970, S. 396).

166 Nach N. N.: «Réception du Capitaine Roald Amundsen 15 et 16 décembre 1912», in: La Géographie 27, 1913, S. 146.

167 Nach Sannes: Fram, S. 231.

168 Wie Anm. 167.

169 Nach Sannes: Fram, S. 232.

170 August Fitzau: «Geographische Neuigkeiten. Nord-Polargegenden», in: Geographische Zeitschrift 20, 1914, S. 572.

171 Diese vier Attribute der «Maud»-Expedition stehen der Reihe nach in Charles Rabot: «La troisième campagne d'Amundsen dans l'océan glacial», in: La Nature III: 15, 1921, S. 62; Brief von Roald Amundsen an Fritz Gottlieb Zapffe, in Fritz Gottlieb Zapffe: Roald Amundsen. Mitt samarbeide med ham gjennem 25 år, Oslo 1935, S. 48; Charles Turley: Roald Amundsen – Explorer, London 1935, S. 152; und Huntford: Scott und Amundsen, S. 417.

172 So in einem Brief Fridtjof Nansens an Hugh Robert Mill vom 29. Dezember 1927, in Fridtjof Nansen: Brev V, hg. von Steinar Kjærheim, Oslo 1978, S. 82, Nr. 1060. Im übrigen siehe dazu unten S. 114.

173 Roald Amundsen: Nordostpassagen. Maudfærden langs Asiens kyst 1918–1920. H. U. Sverdrups ophold blandt Tsjuktsjerne. Godfred Hansens depotekspedition 1919–1920, Kristiania 1921, S. 15.

174 Ursula und Otto Weil: Roald Amundsen. Ein Leben für die Polarforschung, Leipzig 1972, S. 154.

175 Hermann Singer: «Amundsen am Südpol», in: Deutsche Geographische Blätter 34, 1911, S. 26.

176 Henrik Mohn: «Roald Amundsens sydpolsfærd og dens viden-

skabelige resultater», in: Naturen 40, 1916, S. 112.

177 Roald Amundsen: Nordostpassagen, S. 29.

178 Roald Amundsen: «Tale, holdt i U. S. A. (1918)» – Photokopie eines englischsprachigen Manuskripts in der Handschrift des Marineattachées an der amerikanischen Botschaft in Paris, Charles Oscar Maas. Universitetsbiblioteket i Oslo, Signatur: Ms. fol. 2141, Blatt 5.

179 Amundsen: Nordostpassagen, S. 31.

180 Amundsen: Nordostpassagen, S. 22.

181 Amundsen: Nordostpassagen, S. 96.

182 Wisting: 16 år, S. 53.

183 Amundsen: Nordostpassagen, S. 113.

184 Wisting: 16 år, S. 60.

185 Amundsen: Nordostpassagen, S. 56.

186 Amundsen: Nordostpassagen, S. 197.

187 An die Stelle von Emanuel Tönnesen trat später Paul Knudsen: «Auf meine [...] Frage, wer bereit wäre, Tessem nach Süden zu begleiten, meldete sich Knudsen, und ich nahm sein Angebot an» (Amundsen: Nordostpassagen, S. 202).

188 Amundsen: Nordostpassagen, S. 197.

189 Die ganze Katastrophe wurde sorgfältig rekonstruiert von William Barr: «The last journey of Peter Tessem and Paul Knutsen», in: Arctic 36, 1983, S. 311–327.

190 Amundsen: Leben, S. 101 und S. 102.

191 Harald Ulrik Sverdrup: «Blandt rentsjuktsjere og lamuter», in Amundsen: Nordostpassagen, S. 257.

192 Sverdrup: «Rentsjuktsjere», S. 391.

193 Amundsen schätzte dieses Wort (vgl. Anm. 115); diesmal erscheint es in Amundsen: Nordostpassagen, S. 8.

194 Hanssen: Voyages, S. 195.

195 Harald Ulrik Sverdrup: Tre aar i isen med «Maud». Med ett tillæg om en slædereise rundt Tsjuktsjerhalvøen, Oslo 1926, S. 13.

196 Carl Holtermann: «Amundsens Nordpolexpedition», in: Die Woche 23, 1921, S. 28.

197 Hanssen: Voyages, S. 197.

198 Amundsen: Nordostpassagen, S. 126.

199 Arnesen: Amundsen, S. 118.

200 Amundsen: Leben, S. 112.

201 Roald Amundsen: Die Jagd nach dem Nordpol. Mit dem Flugzeug zum 88. Breitengrad (1925). Aus dem Norwegischen von Ludwig Wachtel, Berlin o. J. (1925), S. 9f.

202 Amundsen: Jagd, S. 16.

203 Wie Anm. 202.

204 Amundsen: Nordostpassagen, S. 197.

205 Amundsen: Südpol I, S. 274.

206 Der Text von Gus Kahn – ich zitiere hier die zweite Strophe – wurde mir in einem Schreiben der British Library vom 7. April 1992 zur Verfügung gestellt. Die Komposition von Walter Blaufuss ist unter anderem abgedruckt in: Those Wonderful Years of Song 1910–1920, New York 1961, ohne Seitenzählung.

207 Amundsen: Jagd, S. 12.

208 Nach Arnesen: Amundsen, S. 119.

209 Amundsen: Leben, S. 111.

210 Amundsen: Leben, S. 113.

211 Hans-Otto Meissner: Mein Leben für die weiße Wildnis. Die Expeditionen des Roald Amundsen, Stuttgart 1982, S. 191, Anm. 1.

212 In der deutschen Ausgabe steht «sollten», was entweder ein Druckfehler oder eine nachlässige Übersetzung ist.

213 Amundsen: Jagd, S. 13.

214 Nach Reidar Lund: «Med Roald Amundsen i Alaska 1921» (muß heißen ‹1922›), in: Polarboken 1954, S. 21.

215 Amundsen: Jagd, S. 13. Amundsen konnte übrigens von Glück sagen, daß das Unternehmen auf diese Weise gescheitert war. Denn da er von falschen Treibstoff-Verbrauchswerten ausging, wäre er mit der Menge, welche die «W 34» mit sich führte, nie nach Spitzbergen gekommen – weshalb von den Junkers-Werken im Juni 1923 mit einer «D 192» bereits eine Rettungsexpedition in Marsch gesetzt worden war (vgl. zu diesem in der Forschung bisher kaum beachteten Aspekt: Im Flugzeug dem Nordpol entgegen. Junkers'sche Hilfsexpedition für Amundsen nach Spitzbergen 1923, hg. von Walter Mittelholzer, Zürich 1924, besonders S. 53–64).

216 Nach Per Ravnsborg-Gjertsen jr.: Mail from the Roald Amundsen Explorations with Airplanes and Airships 1922–1928, Trondheim und Erpel 1970, S. 6.

217 Amundsen: Leben, S. 117

218 Roald Amundsen: «Planen for polflyvningen, i den utstrækning, den kan bestemmes paa forhaand», in: Morgenbladet (Kristiania) vom 20. Mai 1924.

219 Amundsen: Leben, S. 126.

220 Amundsen: Leben, S. 128 f.

221 Who Was Who In America 1. A Companion Volume to Who's Who In America. 1897–1942, Chicago [5]1962, S. 368.

222 Lincoln Ellsworth: Beyond Horizons, London–Toronto 1938, S. 117.

223 Amundsen: Jagd, S. 15.

224 Amundsen: Jagd, S. 17.

225 Amundsen: Jagd, S. 16.

226 Der Titel des 1925 in Oslo erschienenen Originals, Gjennem luften til 88° nord, lautet auf deutsch: «Durch die Luft nach 88° nördlicher Breite».

227 Ellsworth: Horizons, S. 123.

228 Wie Anm. 227.

229 Hjalmar Riiser-Larsen: «N 25 i isen», in ders.: Femti år for Kongen, Oslo 1957, S. 105.

230 Wie Anm. 229.

231 Leif Dietrichson: «Der Flug des N 24 von Spitzbergen in das Polareis», in Amundsen: Jagd, S. 174.

232 Ellsworth: Horizons, S. 152.

233 Zapffe: Amundsen (vgl. Anm. 171), S. 117.

234 Nach Amundsen: Jagd, S. 93.

235 Amundsen: Jagd, S. 77.

236 Ellsworth: Horizons, S. 181.

237 Nach Arnesen: Amundsen, S. 143. Sie waren mit der Rettung ihres Lebens so sehr befaßt, daß sie nicht einmal ihre Position korrekt bestimmen konnten. Lag sie nun auf dem «88. Breitengrad» (Amundsen: Flug, S. 3) oder auf «87 Grad 83 Minuten» (Flug, S. 48) oder auf «88 Grad 30 Minuten» (Flug, S. 60) oder auf «87° 43'» (Flug, S. 98)?

238 Verne: Hatteras II, S. 129.

239 Amundsen: Leben, S. 113.

240 Petter Dass: Nordlands trompet. Den nordske Dale viise, hg von Didrik Arup Seip, Oslo 1989 (= Bokklubbens lyrikkvenner), S. 29.

241 Vgl. im übrigen die deutsche Nachbildung Petter Dass: Die Trompete des Nordlandes und andere Gedichte (1739). Aus dem Norwegischen von Louis Passarge, Gotha 1897.

242 Der Königsspiegel. Konungsskuggsjá (um 1225). Aus dem Altnorwegischen von Rudolf Meissner, Halle an der Saale 1944, S. 84.

243 Fridtjof Nansen: Nebelheim. Ent-

deckung und Erforschung der nördlichen Länder und Meere II (1911). Aus dem Norwegischen von N. N., Leipzig 1911, S. 343.

244 Nach Siegfried Schmitz: «Willem Barents (Barendsz)», in ders.: Große Entdecker und Forschungsreisende. Eine Geschichte der Weltentdeckung von der Antike bis zum 20. Jahrhundert in Biographien und Bildern, Düsseldorf 1983 (= Hermes Handlexikon 10008), S. 36.

245 Nach Helmut Höfling: minus 69°. Die Arktis-Saga, Düsseldorf 1976, S. 45.

246 Nach Siegfried Schmitz: «Henry Hudson», in ders.: Entdecker, S. 125.

247 Hans Egede: «Des alten Grönlandes neue Perlustration etc.» (1742), in ders.: Die Heiden im Eis. Als Forscher und Missionar in Grönland 1721–1736, hg. von Heinz Barüske, Stuttgart–Wien 1986 (= Alte abenteuerliche Reiseberichte), S. 287–400.

248 Georg Wilhelm Steller: «Tagebuch einer Seereise etc.» (1793), in: Die Große Nordische Expedition von 1733 bis 1743. Aus den Berichten der Forschungsreisenden Johann Georg Gmelin und Georg Wilhelm Steller, hg. von Doris Posselt, Leipzig und Weimar 1990 (= Bibliothek des 18. Jahrhunderts), S. 242.

249 Esaias Tegnér: «Die Polarreise» (1817), in ders.: Sämmtliche Gedichte II. Aus dem Schwedischen von Gottlieb Mohnike, Leipzig 1840, S. 28 f. Die deutsche Übersetzung hat in der letzten Zeile des Zitats «bliebst», was aber, wie der Vergleich mit dem schwedischen Original bestätigt, ein Druckfehler ist.

250 Fridtjof Nansen: In Nacht und Eis. Die norwegische Polarexpedition 1893–1896 II (1897). Aus dem Norwegischen von N. N., Leipzig 1897, S. 62 f.

251 Salomon August Andrée: Dem Pol entgegen (1930). Aus dem Schwedischen von Theodor Geiger, Leipzig 1930, S. 34.

252 Per Olof Sundman: Ingenieur Andrées Luftfahrt (1967). Aus dem Schwedischen von Udo Birckholz, Zürich–Einsiedeln–Köln 1969, S. 337.

253 Amundsen: «Kampen», S. 4.

254 Amundsen: Jagd, S. 17.

255 Aage Graarud und Nils Russeltvedt: Die erdmagnetischen Beobachtungen der Gjöa-Expedition 1903–1906, Oslo 1925 (= Geofysiske Publikasjoner III/8).

256 Graarud/Russeltvedt: Beobachtungen, S. 3.

257 Graarud/Russeltvedt: Beobachtungen, S. 11.

258 Ich verwende hier eine Formulierung, die Ole Jacob Skattum unter Anspielung auf Amundsens Auffassung von der Sache schon für die Südpol-Tour gebraucht hat: «Nordpolen og det ukjente nordpolstrøk. En menneskealders utvikling fra ‹Fram›-ferden til ‹Norge›-ferden», in: Norsk Geografisk Tidsskrift 1, 1926, S. 142.

259 Roald Amundsen – Lincoln Ellsworth: «Der erste Flug über das Polarmeer», in dies.: Der erste Flug über das Polarmeer (1926). Aus dem Englischen (!) von Walter Johannes Briggs, Leipzig–Zürich o. J. (1927), S. 9. Dazu ferner Amundsen: Jagd, S. 16, und ders.: Leben, S. 133, sowie Zapffe: Amundsen, S. 154, und Hjalmar Riiser-Larsen: «Med Roald Amundsen», in ders.: Femti år, S. 103 … Alles in allem eine perfekt koordinierte Sprachregelung!

260 Amundsen: Jagd, S. 16.

261 Amundsen: Leben, S. 132.

262 Hanns Heinz Ewers: «Ein Gegner… Amundsen und Deutschland», in: Münchner Neueste Nachrichten vom 26. Juni 1925.

263 Nach N. N.: «Dr. Eckener und Amundsen. Ein Wort zur Aufklärung!» (= Flugblatt), Berlin 1925. Universitätsbibliothek Frankfurt am Main, Signatur: S 9/1892.

264 Hjalmar Riiser-Larsen: «Med ‹Norge› over Nordpolen», in ders.: Femti år, S. 123.

265 Amundsen/Ellsworth: «Die Teilnehmer des Fluges», in dies.: Flug, S. 105.

266 Amundsen/Ellsworth: «Teilnehmer», S. 104.

267 Da Amundsen sich unter fadenscheinigen Gründen geweigert hatte, sein Versorgungsschiff «Heimdal» für kurze Zeit von der einzigen im Kongsfjord vorhandenen Anlegestelle abrücken zu lassen, damit Byrd sein Flugzeug von der «Chantier» entladen konnte (er tat es dann in aller Eile mit Hilfe von selbstgebauten Pontons auf hoher See), hatte der Sympathiebeweis des Norwegers sehr viel von einem Judaskuß!

268 Amundsen/Ellsworth: «Die Nordpolfahrt», in dies.: Flug, S. 109.

269 Auch wenn Amundsen und Ellsworth die Texte ihres Buches gemeinsam unterzeichnet haben, werden diese hier behandelt wie Amundsens Werke.

270 Amundsen/Ellsworth: «Die Nordpolfahrt», S. 110.

271 Amundsen/Ellsworth: «Die Nordpolfahrt», S. 115.

272 Wie Anm. 271.

273 Ellsworth: Horizons, S. 203.

274 Fredrik Ramm: «Find no break in ice pack across pole etc.», in: The New York Times vom 13. Mai 1926.

275 Amundsen/Ellsworth: «Die Nordpolfahrt», S. 118.

276 Amundsen/Ellsworth: «Die Nordpolfahrt», S. 123.

277 Walter Gerbing: «Geographische Neuigkeiten. Nord-Polargegenden», in: Geographische Zeitschrift 32, 1926, S. 264.

278 Sven Hedin: «Die Bedeutung von Amundsens Polflug», in: Reclams Universum 42/41, 1926, S. 1063.

279 Wisting: 16 år, S. 195. Seinen Lebensunterhalt konnte Amundsen mit den sechstausend Kronen jenes Ehrensolds bestreiten, den ihm das Storting 1913 bewilligt hatte (vgl. Ole Jacob Skattum: «Amundsen, Roald Engelbregt Gravning», in: Norsk Biografisk Leksikon I, hg. von Edvard Bull, Anders Krogvig und Gerhard Gran, Kristiania 1923, S. 127).

280 Fridtjof Nansen: «Roald Amundsen». Aus dem Norwegischen von Hildegard und Gerhard Wilpert, in: Reclams Universum 44/13, 1928, S. 319.

281 Nach Arnesen: Amundsen, S. 178.

282 Amundsen: Leben, S. 222.

283 Amundsen: Leben, S. 226.

284 Knut Hamsun: August Weltumsegler, in ders.: Die Landstreicherromane. Landstreicher (1927), August Weltumsegler (1930), Nach Jahr und Tag (1933). Aus dem Norwegischen von Julius Sandmeier und Sophie Angermann, München 1984, S. 476.

285 Amundsen: Nordostpassagen, S. 23.

286 Wisting: 16 år, S. 197.

287 Amundsen: XXI. Tagebuch [24 f.].

288 Erich von Drygalski: «Die Natur der Polarwelt», in: Zeitschrift der Gesellschaft für Erdkunde zu Berlin 1926, S. 154.

289 Hjalmar Riiser-Larsen: «Unsere Mitarbeiter», in: Amundsen/Ellsworth: Flug, S. 200.

290 Amundsen: Nordwest-Passage, S. 5.

291 Amundsen/Ellsworth: «Heimfahrt», in dies.: Flug, S. 126.

292 Roald Amundsen: «Close calls in my life as an explorer. Our greatest navigator tells of narrow escapes and of a voyage with dr. Cook», in: The World's Work 54, 1927, S. 172.

293 Roald Amundsen: «Amundsen answers his critics. He denies unfairness to Captain R. F. Scott in the race for the South Pole», in: The World's Work 54, 1927, S. 289.

294 Amundsen: «Close calls», S. 178.

295 Amundsen: «Amundsen answers», S. 292.

296 Roald Amundsen: «Roald Amundsen's ‹inside story› of the rows aboard the Norge. The explorer complains that Nobile nearly wrecked the airship over the Arctic, but tried to seize the honors», in: The World's Work 54, 1927, S. 393.

297 Amundsen: «‹Inside story›», S. 394.

298 Amundsen: «‹Inside story›», S. 402.

299 Amundsen: «‹Inside story›», S. 404.

300 Wie Anm. 299.

301 Wie Anm. 299.

302 Wie Anm. 299.

303 Amundsen/Ellsworth: «Nordpolfahrt», S. 123.

304 Roald Amundsen: Mitt liv som polarforsker, Oslo 1927.

305 Amundsen: Leben, S. 154.

306 Amundsen: Leben, S. 190.

307 Amundsen: Leben, S. 194.

308 Amundsen: Leben, S. 172.

309 Amundsen: Leben, S. 215.

310 Amundsen: Leben, S. 181.

311 František Běhounek: «Nachwort», in Amundsen: Leben, S. 288. Běhounek verweist auf Finn Malmgren – František Běhounek: «Mésures de la conductibilité électrique de l'atmosphère dans la région du Pôle Nord», in: Comptes rendus de l'Académie des Sciences 184, 1927, S. 1186; er hätte auch Malmgrens Kapitel «Wetter und Wetterprognosen während des Polarfluges», in Amundsen/Ellsworth: Flug, S. 203–229, anführen können; besonders S. 209 und S. 228.

312 Vgl. Ravnsborg-Gjertsen jr.: Mail, Abb. 5 und Abb. 7.

313 Telegramm des Vorstands des Aero Clubs von Norwegen vom 31. Mai 1926 an Lincoln Ellsworth (nach Amundsen: Leben, S. 197).

314 Wie Anm. 313.

315 So Rolf Thommessen am 21. Oktober 1927 an Umberto Nobile (nach Willy Meyer: «Amundsen und Nobile», in: Die Weltbühne 25, 1929, S. 358).

316 Nach N. N.: «Captain Roald Amundsen and the Society», in: The Geographical Journal 70, 1927, S. 574.

317 Nach N. N.: «Captain Roald Amundsen», S. 575.

318 Wie Anm. 317.

319 Arnesen: Amundsen, S. 182.

320 Nansen: Brev V, S. 82 (= Nr. 1060 vom 29. Dezember 1927 [vgl. Anm. 172]).

321 Wie Anm. 320.

322 Wie Anm. 320.

323 Roald Amundsen: «Opdagelsesreiser og videnskabelige ekspeditioner. Den norske sjøfarts og sjømands indsats», in: Den norske sjøfarts historie fra de ældste tider til vore dage III: 2, hg. von Jacob Stenersen Worm-Müller, Oslo 1929, S. 314–327.

324 Arnesen: Amundsen, S. 182.

325 Nach Wisting: 16 år, S. 197.

326 Thomas Griffith Taylor: «Die Erlebnisse der Westabteilung», in Kapitän (Robert Falcon) Scott:

Letzte Fahrt II (1913), Leipzig 1913, S. 4.

327 Amundsen/Ellsworth: «Klar zum Start», in dies.: Flug, S. 100.

328 Umberto Nobile: L'«Italia» al Polo Nord, Mailand 1930. Ich zitiere nach der schwedischen Übersetzung: Med Italia från Rom till Nordpolen. Aus dem Italienischen von N. N. Stockholm 1929, S. 13.

329 Franz Běhounek: Sieben Wochen auf der Eisscholle. Der Untergang der Nobile-Expedition, Leipzig 1929, S. 102.

330 Nach Zapffe: Amundsen, S. 183.

331 Nach Arnesen: Amundsen, S. 183.

332 Nach Davide Giudici: The Tragedy of the «Italia». With the Rescuers to the Red Tent, New York 1929, S. 29f.

333 Rolf Solchow: «Katastrophe im Eis. Vor 50 Jahren strandete das Luftschiff ‹Italia› – ein Unglück, das die Welt erregte. ‹Eiswettlauf› der Länder. Roald Amundsen auf der Suche nach Nobile verschollen», in: Mannheimer Morgen vom 30. Mai 1978.

334 Michael Spender: «Rezension von Gunnar Hovdenak ‹Roald Amundsens siste ferd›», in: The Geographical Journal 84, 1935, S. 277.

335 Godfred Hansen: «Schlittenreise nach Kong Haakon VII.-Land», in Amundsen: Nordwest-Passage, S. 540.

336 Nach Arnesen: Amundsen, S. 189.

337 Odd Eidem: «Hvem var Roald Amundsen? Tilfeldige refleksjoner omkring en selvbiografi», in: Magasinet 13/3, 1945, S. 6.

338 Ludvig Saxe: «Roald Amundsen», in: Nordmands-Forbundet 21, 1928, S. 287.

339 Nach Saxe: «Amundsen», S. 287. Vgl. auch Amundsen: Südpol II, S. 668: «Wenn das Alltagsleben mit seinen tausend Sorgen und Widerwärtigkeiten wieder näher rückte, war es wohl möglich, daß wir uns nach dem friedlichen, sorglosen Dasein auf Framheim zurücksehnten.»

340 Nach Heinz Michaelsen: «Der Sturm auf den Südpol», in: Die Umschau 15, 1911, S. 87.

341 Ellsworth: Horizons, S. 108.

342 top.: «Ist Amundsen unter die Pelzjäger gegangen?», in: Nordwestdeutsche Rundschau vom 22. März 1950.

343 Snorri Sturluson: «Geschichte von König Olaf Tryggvissohn» (ungefähr 1220–1230), in ders.: Snorris Königsbuch (Heimskringla) I. Aus dem Altnordischen von Felix Niedner, Düsseldorf–Köln, Neuausgabe 1965 (= Thule 14), S. 314.

344 Snorri: «Geschichte», S. 316.

345 Wie Anm. 344. Bestrickend ist der Mythos, den der 1969 gedrehte italienisch-russische Abenteuerfilm «Das rote Zelt» konstruiert. Ihm gemäß sei Amundsen – gespielt von dem James-Bond-Darsteller Sean Connery! – auf der Suche nach Nobile mit der «Latham 47» über das Wrack der «Italia» geraten. Im Glauben, die gesamte verunglückte Mannschaft gefunden zu haben, sei er daraufhin niedergegangen und schließlich bei den versprengten Toten gestorben.

Zeittafel

1872 16. Juli: Geburt von Roald Engebreth Gravning Amundsen in der «Tomta»-Kate auf dem Anwesen Hvidsten in der Gemeinde Borge im Landkreis Sarpsborg. Oktober: Umzug der Familie nach Kristiania an den Uranienborgweg.

1878 Besuch von Gjertsens Elementarschule.

1881 Besuch von Anderssens Gymnasium.

1886 15. August: Tod des Vaters Jens Engebreth Amundsen.

1887 Lektüre der Reiseberichte des Engländers John Franklin und danach Entschluß, selbst einmal Polarforscher zu werden.

1890 «Examen artium», das heißt: Abitur. Daraufhin Beginn eines Vorstudiums (zum Studium der Medizin) an der Universität von Kristiania.

1891 Bezug einer eigenen Wohnung am Parkweg.

1892 Weitere Verzögerung des längst fälligen «Zweiten Examens».

1893 «Zweites Examen», das heißt: Abschluß des Vorstudiums und Berechtigung zur Aufnahme eines Fachstudiums der Medizin. 9. September: Tod der Mutter Hanna Henrikke Gustava Amundsen. Daraufhin Abbruch des Studiums.

1894 Vergeblicher Versuch, in die Mannschaft der Expedition des Engländers Frederick George Jackson nach Franz-Joseph-Land einzutreten.

1894–1896 Fahrten auf einer Reihe von in- und ausländischen Schiffen zum nördlichen Eismeer, nach England und Frankreich sowie Afrika und Nordamerika.

1895 Erwerb des Steuermannspatents.

1897 16. August: Abreise von Antwerpen zur Erkundung der Antarktis mit dem Belgier Adrien de Gerlache auf der «Belgica»; Heimkehr nach Kristiania: 25. Mai 1899.

1898 2. März: Beginn einer Driftfahrt auf der «Belgica» vor Grahamland. Ende der Driftfahrt: 14. März 1899.

1899 Kauf einer umfangreichen Sammlung von Büchern über die Entdeckungsgeschichte der Nordwestpassage.

1900 Mehrwöchiger Studienaufenthalt bei Carl Nicolaus Jensen Börgen am Marine-Observatorium, Heppens bei Wilhelmshaven, und Georg von Neumayer an der Deutschen Seewarte, Hamburg.

1901 Kauf des Heringsfangschiffes «Gjöa». Erwerb des Kapitänspatents. 25. November: Vortrag über eine geplante Forschungsreise zum Magnetischen Nordpol vor der «Norwegischen Geographischen Gesellschaft».

1902 Zweiter Studienaufenthalt an der Deutschen Seewarte, Hamburg, und am Marine-Observatorium, Heppens bei Wilhelmshaven, sowie Besuch im Meteorologisch-Magnetischen Observatorium auf dem Telegraphenberg bei Potsdam. Später erneuter Besuch im Observatorium auf dem Telegraphenberg.

1903 Dritter Besuch im Observatorium auf dem Telegraphenberg. 16./17. Juni: Abreise von Kristiania zur Bestimmung der Lage des Magnetischen Nordpols und zur Befahrung der Nordwestpassage auf der «Gjöa»; Heimkehr nach Kristiania (ohne die «Gjöa»): 20. November 1906.

1904 Zwischen dem 1. und 3. und 16. und 26. März sowie dem 6. April und 27. Mai vergebliche Versuche, den wandernden Punkt des Magnetischen Nordpols einzuholen.

1905 26. August: Begegnung der «Gjöa» aus Kristiania mit der «Charles Hansson» aus San Francisco bei Nelson Head und damit Vollendung der Nordwestpassage.

1906 19. Oktober: Die «Gjöa» läuft in den Hafen von San Francisco ein (und wird die Stadt als Museumsstück für Oslo erst 1972 wieder verlassen).

1907 Vortragsreise durch Europa. 17. Mai: Ansprache zum norwegischen Nationalfeiertag. Vortragsreise durch die USA. *Nordvestpassagen.*

1908 Kauf des Hauses «Uranienborg» in Svartskog südöstlich von Kristiania am Bunnefjord. 10. November: Vortrag über eine geplante Driftfahrt durch das Nordpolargebiet vor der «Norwegischen Geographischen Gesellschaft». Vortragsreise durch die USA.

1909 Liebesaffaire mit Sigrid Castberg, der Frau des Rechtsanwalts Leif Castberg. Vorbereitungen zur geplanten Driftfahrt durch das Nordpolargebiet.

1910 7. Juni: Abreise von Kristiania zur Driftfahrt durch das Nordpolargebiet auf der «Fram»; Heimkehr nach Kristiania (ohne die «Fram» und incognito): 31. Juli 1912. 6. September: Ankunft in Funchal auf Madeira. 9. September: Mitteilung an die Mannschaft, daß nicht die Driftfahrt durch das Nordpolargebiet auf dem Programm steht, sondern die Eroberung des Südpols. 9./10. September: Abreise von Funchal auf Madeira in die Antarktis.

1911 13. Januar: Ankunft in der Bucht der Wale. 27. Januar: Errichtung der Station «Framheim». 16. September: Schwerer Streit mit Hjalmar Johansen. 19. Oktober: Abmarsch von «Framheim» zum Südpol. 14. Dezember: Ankunft am Südpol. 17. Dezember: Abmarsch vom Südpol.

1912 28. Januar: Rückkunft nach «Framheim». 1. Februar: Abfahrt aus der Bucht der Wale. 7. März: Ankunft in Tasmanien. 25. Mai: Ankunft in Buenos Aires. 1. Juli: Heimkehr der meisten Mitglieder der Mannschaft nach Bergen. *Sydpolen.*

1913 Vortragsreise durch die USA und Kanada. Weigerung, die Berufung zum Honorarprofessor anzunehmen. Abbruch der Beziehung zu Sigrid Castberg. Deutschlandreise.

1914 Erwerb eines Pilotenscheins.

1915 Vorübergehende – sehr einträgliche – spekulative Betätigung als Reeder.

1916 Protest gegen die U-Boot-Kriegsführung des Deutschen Reiches und Rückgabe aller deutschen Ehrenzeichen.

1918 24. Juni: Abreise von Kristiania via Nordostpassage zur Driftfahrt durch das Nordpolargebiet auf der «Maud»; Heimkehr nach Kristiania (ohne die «Maud» und incognito): Januar 1922. 30. September: Armbruch. 8. November: Eisbär-Attacke. 10. Dezember: Vergiftung.

1919 12. September: Beginn des Todesmarsches von Paul Knudsen und Peter Tessem. 7. Oktober: Abmarsch von Harald Ulrik Sverdrup von der «Maud» zum Aufenthalt bei den Tschuktschen; Rückkunft zur «Maud»: 17. Mai 1920. 1. Dezember: Abmarsch von Helmer Hanssen und Oscar Wisting (sowie Emanuel Tönnesen) von der «Maud» zur Telegramm-Aufgabe nach Nome/Alaska; Rückkunft zur «Maud»: 14. Juni 1920.

1920 27. Juli: Ankunft der «Maud» in Nome und damit Vollendung der zweiten jemals unternommenen Befahrung der Nordostpassage. Ausscheiden von Helmer Hanssen, Martin Rönne und Knut Sundbeck aus der Expedition. 8. August: Abreise von Nome zur Driftfahrt durch das Nordpolargebiet auf der «Maud» mit lediglich drei (!) Gefährten: Gennadij Olonkin, Harald Ulrik Sverdrup und Oscar Wisting.

1921 Eigenes Ausscheiden aus der «Maud»-Expedition. *Nordostpassagen.*

1922 Vergebliche Flugversuche. Bau einer Hütte bei Wainwright/Alaska, um mit Oscar Omdal zu überwintern.

1923 Aufgabe der Flugversuche in Alaska. Dubiose Finanzgeschäfte mit dem Dano-Amerikaner Haakon H. Hammer.

1924 Bankrott. Wenig erfolgreiche Vortragsreise durch die USA. 8. Oktober: Begegnung mit Lincoln Ellsworth, dem künftigen Mäzen. Kauf von zwei Dornier-Maschinen.

1925 21. Mai: Abflug von Kongsfjord/Spitzbergen in Richtung Nordpol mit der «N 24» und «N 25». 22. Mai: Notwasserung der beiden Maschinen bei 88° nördlicher Breite. 15. Juni: Start der «N 25» zum Rückflug nach Kongsfjord. Heimkehr nach Oslo (ohne die «N 24»): 5. Juli. 1. September: Kauf des Luftschiffes «Norge». *Gjennem luften til 88° nord* (zusammen mit Hjalmar Riiser-Larsen et alii).

1926 11. Mai: Abflug von Kongsfjord in Richtung Nordpol mit dem Luftschiff «Norge» unter seinem Piloten Umberto Nobile. 12. Mai, 1:25 Uhr: Überfliegung des Nordpols. 14. Mai: Landung in Teller/Alaska. *Den første flukt over Polhavet* (zusammen mit Lincoln Ellsworth et alii).

1927 Einsiedlerleben in «Uranienborg». Irrsinnige Ausfälle gegen Umberto Nobile. *Mitt liv som polarforsker.*

1928 23. Mai: Abflug des Luftschiffes «Italia» unter Umberto Nobile von Kongsfjord in Richtung Nordpol. 24. Mai: Überfliegung des Nordpols. 25. Mai: Absturz des Luftschiffes «Italia» bei 81° nördlicher Breite. 3. Juni: Empfang der ersten Notsignale. 18. Juni, 16:00 Uhr: Start einer «Latham 47» mit Roald Amundsen an Bord vom Tromsö-Sund aus. Das Flugzeug entschwindet im Nebel und ist samt seiner Besatzung seither verschollen.

Zeugnisse

Frederick Albert Cook
Amundsen war der Größte, der Stärkste, der Tapferste und für gewöhnlich auch der am besten Ausgerüstete, wenn plötzlich einmal Not am Manne war.
«Through the First Antarctic Night 1898–1899», 1900

Benedikt Fred Dolbin

Roald Amundsen. 1926

Fridtjof Nansen
Ein Mann der Wissenschaft war Amundsen nicht und wollte er auch nicht sein. Zwar begann er mit einem methodischen Training für seine magnetischen Untersuchungen und leistete dabei vortreffliche Arbeit; aber es war nicht möglich, ihn dazu zu bewegen, sich an der Bearbeitung der Ergebnisse zu beteiligen, oder dazu, diesen Weg weiter zu verfolgen.
«Nachruf auf Roald Amundsen», 1928

Knut Hamsun
Ich wurde Roald Amundsen einmal auf einem Dampfschiff vorgestellt, als er gerade an Land gehen wollte. Wir sprachen lediglich ein paar Worte miteinander. Er war ein prachtvoller Mann. Er schritt über die Gangway wie mit Stahlfedern im Leib. Er war willensstark und besaß Temperament. Er ist das große Vorbild meiner Söhne.

Odd Arnesen: «Roald Amundsen som han var», 1929

Joachim Ringelnatz
Gott sei zu Amundsen recht gut.

«Flugzeuggedanken», 1929

Oscar Wisting
Von unserem letzten Lager fuhren wir wie üblich weiter, und als wir am Nachmittag meinten, am Ziel zu sein, machten wir Halt und ließen uns nieder. Nachdem wir zuerst die Hunde versorgt hatten, bat uns Roald Amundsen, einen Kreis um die Fahne zu bilden, damit wir sie gemeinsam aufrichteten. «Keinem steht es zu, diese für uns so bedeutende Handlung allein vorzunehmen. Darauf haben alle», sagte er, «einen Anspruch, die für diese Sache ihr Leben aufs Spiel gesetzt haben.» Jeder von uns griff daher die Stange, und dann pflanzten wir zusammen das Banner Norwegens am Südpol auf, den keines Menschen Fuß bisher betreten hatte.

Eben dieser Zug im Wesen Roald Amundsens, daß er uns einlud, an der Aufstellung der Fahne teilzunehmen, ist eine Eigenschaft, die ich bei ihm schwerlich hoch genug schätzen kann. Er wollte Anerkennung und Ehre nicht nur selbst genießen, sondern mit denen teilen, die zu ihm gestanden hatten. So hat er es auch späterhin gehalten. Bescheiden ist er zur Seite gewichen und hat den Ruhm und den Glanz, den er sich geschaffen hatte, zugleich auf seine Kameraden strahlen lassen.

«16 år med Roald Amundsen», 1930

Helmer Hanssen
Wenn ich auf die Jahre zwischen 1903 und 1920 zurückschaue, in denen ich für Roald Amundsen gearbeitet habe, dann werden bei mir keine anderen Erinnerungen wach als angenehme und schöne.

«Voyages of a Modern Viking», 1936

Lion Feuchtwanger
Zäh, methodisch, erwirbt er alle Kenntnisse, die einem Polarforscher nötig werden können, die Wissenschaft des Meeres und der Luft. Die staatlichen Prüfungen überstanden, wählt er sich die schwierigsten Meere, um die großen und kleinen Künste der Navigation und des Eiswanderns praktisch zu erlernen. In Monaten des Hungers, des Frostes, des Skorbuts wird er ein harter, schweigsamer Mann, der Kenntnisse und Erfahrungen mißtrauisch in sein Hirn verschließt wie in einen Banktresor, ohne Freude an den Menschen, keinem glaubend, nur sich selbst.

«Venedig (Texas) und vierzehn andere Erzählungen», 1946

Sven Hedin

Was die verschiedenen Verfahren, in hohe Breitengrade und zu den Polen selbst vorzudringen, anlangt, stand Amundsen auf der Grenze zwischen der alten und der neuen Zeit. Nordenskiöld und Nansen und alle ihre Zeitgenossen unter den Polarfahrern gehörten ausschließlich zur alten Zeit, der Zeit der Schiffe, Schlitten und Hunde. Andrée war der erste, der es auf dem Luftweg versuchte, und Amundsen der erste, dessen Wirksamkeit sowohl in die alte als auch die neue Zeit fällt, denn er verwandte alle Fortbewegungsmittel: Schiffe, Schlitten, Hunde, Flugzeuge und das lenkbare Luftschiff.

«Große Männer, denen ich begegnete», 1950

Hugh Robert Mill

Ich habe Roald Amundsen bei verschiedenen Anlässen getroffen, aber es ist mir niemals gelungen, ihn näher kennenzulernen, denn er war zurückhaltend und peinlich darauf bedacht, sich keine Blöße zu geben. Obwohl er tapfer und kühn und ungemein von sich überzeugt war, hatte er Angst vor Kritik und erstarrte bei dem Gedanken, man könnte ihn der Lächerlichkeit preisgeben. Er war, glaube ich, der erfolgreichste und zugleich unglücklichste aller Polarforscher, denen ich begegnet bin.

«An Autobiography», 1951

Wernher von Braun

Beseelt von dem gleichen Forschungs- und Wissensdrang, der Amundsen in die unbezwingbar erscheinenden Eisgebiete der Arktis und Antarktis führte, wollen wir mit unseren Raumschiffen in die unermeßlichen Weiten des Weltenraumes vordringen. Wir hoffen, dereinst unseren Fuß auf unsere Nachbarplaneten zu setzen, um durch eine direkte persönliche Inspektion anderer Himmelskörper unsere Kenntnisse über den Weltenraum, den Ursprung und die Geschichte unseres Planetensystems und die Entwicklung des Lebens zu erweitern. So wie Amundsen die Ansicht widerlegte, daß der eisbedeckte Kontinent im Süden des Globus den Bemühungen des Menschen einen unbesiegbaren Widerstand entgegensetzt, so hoffen wir zu beweisen, daß der Mensch überall dorthin gehört, wohin ihn sein Unternehmungsgeist treibt.

«Vorwort zu Edouard Calic: Roald Amundsen. Der letzte Wikinger», 1960

Alfred Andersch

Für ihn gab es kein Problem der Technik und der Grenze. Wenn die Technik dazu taugte, die Grenze zu überschreiten, so mußte sie dazu benutzt werden.

«Hohe Breitengrade», 1969

Gotthilf Hempel

Im Vergleich zu Nansen oder Wegener hat Amundsen der Wissenschaft wenig gebracht – er war primär ein mutiger und logistisch sehr beschlagener Entdeckungsreisender, den das geographische Ziel, das Abenteuer und die internationale Bewunderung mehr lockten als wissenschaftliche Ergebnisse.

Brief an Detlef Brennecke, 1991

Bibliographie

Während Roald Amundsen vergleichsweise wenig publiziert hat, ist die Menge dessen, was zur Person, zum Leben und zur Leistung des Entdeckers veröffentlicht wurde, mittlerweile unüberschaubar. Das folgende Verzeichnis stellt deshalb den Versuch dar, die Amundsen-Literatur durch Gliederung und Auswahl wieder übersichtlich zu machen.

1. Nachlaß

Der Nachlaß Roald Amundsens ist verstreut. Die meisten seiner Aufzeichnungen und Manuskripte verwahrt Universitetsbiblioteket i Oslo. Objekte von seinen Expeditionen sowie private Utensilien befinden sich unter anderem in Roald Amundsens hjem «Uranienborg», Svartskog; Etnografisk Museum, Oslo; Framhuset, Bygdøy; und Skimuseet, Oslo.

2. Bibliographien

Arctic Bibliography prepared for and in cooperation with the Department of Defense, Washington D. C. 1953 ff.

Dictionary Catalog of the Stefansson Collection on the Polar Regions in the Dartmouth College Library. Volume I A–Ber, Boston (Massachusetts) 1967, S. 235–241.

Recent Polar (and Glaciological) Literature 1 ff., Cambridge 1973 ff.

Gesamtverzeichnis des deutschsprachigen Schrifttums (GV) 1700–1910. Bearbeitet unter der Leitung von Peter Geils und Willi Gorzny. Band 3 Alb–Am, München–New York–London–Paris 1979, S. 551.

Gesamtverzeichnis des deutschsprachigen Schrifttums (GV) 1911–1965, hg. von Reinhard Oberschelp. Bearbeitet unter der Leitung von Willi Gorzny. Band 3 Alm–Ank, München 1976, S. 268 f.

Huntford, Roland: Scott und Amundsen (siehe unter Nr. 6.1.), S. 449–471.

3. Werke

3.1. Gesamtausgaben

Roald Amundsens opdagelsesreiser. Minneutgave I–IV, Oslo 1928–1930.

3.2. Originalausgaben

3.2.1. Bücher

Nordvestpassagen. Beretning om Gjøa-ekspeditionen 1903–1907. Med et tillæg av premierløitnant Godfred Hansen, Kristiania 1907.
Sydpolen. Den norske Sydpolsfærd med «Fram» 1910–1912 I–II, Kristiania 1912.
Nordostpassagen. Maudfærden langs Asiens kyst 1918–1920. H(arald) U(lrik) Sverdrups ophold blandt Tsjuktsjerne. Godfred Hansens depotekspedition 1919–1920, Kristiania 1921.
Gjennem luften til 88° nord. Amundsen-Ellsworths polflyvning 1925, Oslo 1925 (zusammen mit Hjalmar Riiser-Larsen, Leif Dietrichson, Fredrik Ramm und Jakob Bjerknes).
Den første flukt over Polhavet. Med bidrag av Gustav S(ahlqvist) Amundsen, B(irger) L(und) Gottwaldt, Joh(an) Høver, Finn Malmgren, Hj(almar) Riiser-Larsen, Oslo 1926 (zusammen mit Lincoln Ellsworth).
Mitt liv som polarforsker, Oslo 1927.

3.2.2. Kleinere Schriften

«Brødrene Amundsens eventyrlige færd over Hardangervidden», in: Fredrikstads Blad vom 8. Februar bis 5. März 1896.
«The navigation of the Antarctic ice-pack», in Frederick A(lbert) Cook: Through the First Antarctic Night 1898–1899. A Narrative of the Voyage of the «Belgica» among Newly Discovered Lands and over an Unknown Sea about the South Pole, London 1900, S. 448–452.
«En paatænkt undersøgelsesreise til den magnetiske Nordpol», in: Det Norske Geografiske Selskabs Aarbog 12 (1900–1901), S. 167–176
«Tale paa Fæstningspladsen», in: Aftenposten (Kristiania) vom 18. Mai 1907.
«To the north magnetic pole and through the North-West Passage», in: The Geographical Journal 29 (1907), S. 485–518.
«The Northwest Passage», in: Harper's Monthly Magazine 114 (1907), S. 659–674.
«Plan for en polarfærd 1910–1917. Foredrag tirsdag den 10. november 1908 med efterfølgende bemerkninger af professorerne Mohn og Nansen», in: Det Norske Geografiske Selskabs Aarbog 20 (1908–1909), S. 55–75; zuvor veröffentlicht in: Aftenposten/Morgennumer (Kristiania) vom 11. November 1908.
«Kampen om nordpolen og dens endelige errobring», in: Gads danske Magasin 1909–1910 (1910), S. 1–4.
«Litt om vore ski, bindinger og fotbeklædning samt deres betydning for sydpolsfærden», in: Foreningen til Ski-Idrættens Fremme Aarbok 1912, S. 57–66.
«Meine Reise zum Südpol», in: Zeitschrift der Gesellschaft für Erdkunde zu Berlin 1912, S. 481–498.

«Tale, holdt i U.S.A. (1918)» = Fotokopie eines englischsprachigen Manuskripts in der Handschrift des Marineattachés an der amerikanischen Botschaft in Paris, Charles Oscar Maas. Universitetsbiblioteket i Oslo, Signatur: Ms. fol. 2141.

«Planen for polflyvningen, i den utstrækning, den kan bestemmes paa forhaand», in: Morgenbladet (Kristiania) vom 20. Mai 1924.

«Wunder im Nebel. Funkspruch der ‹Vossischen Zeitung›», in: Erste Beilage zur Vossischen Zeitung vom 21. Juni 1925.

«Close calls in my life as an explorer. Our greatest navigator tells of narrow escapes and of a voyage with dr. Cook», in: The World's Work 54 (1927), S. 170–183.

«Amundsen answers his critics. He denies unfairness to Captain R. F. Scott in the race for the South Pole», in: The World's Work 54 (1927), S. 281–293.

«Roald Amundsen's ‹inside story› of the rows aboard the Norge. The explorer complains that Nobile nearly wrecked the airship over the Arctic, but tried to seize the honors», in: The World's Work 54 (1927), S. 389–403.

«Arctic follies and how careful planning eliminates them», in: The World's Work 54 (1927), S. 535–545.

«Opdagelsesreiser og videnskabelige ekspeditioner. Den norske sjøfarts og sjømands indsats», in: Den norske sjøfarts historie fra de ældste tider til vore dage III: 2, hg. von Jac(ob) S(tenersen) Worm-Müller, Oslo 1929, S. 314–327.

3.3. Deutsche Ausgaben

Die Nordwest-Passage. Meine Polarfahrt auf der Gjöa 1903 bis 1907. Nebst einem Anhang von Premierleutnant Godfred Hansen. Aus dem Norwegischen von Pauline Klaiber, München 1908.

Die Eroberung des Südpols. Die norwegische Südpolfahrt mit dem Fram 1910–1912 I–II. Aus dem Norwegischen von Pauline Klaiber, München 1912. Neue, gekürzte Ausgabe, hg. von Gernot Giertz, Tübingen 1980 (= Edition Erdmann), und München–Zürich 1982 (= Knaur Taschenbuch 4402).

Die Jagd nach dem Nordpol. Mit dem Flugzeug zum 88. Breitengrad. Aus dem Norwegischen von Ludwig Wachtel, Berlin o. J. (1925) (zusammen mit Hjalmar Riiser-Larsen, Leif Dietrichson, Fredrik Ramm und Jakob Bjerknes).

Der erste Flug über das Polarmeer. Mit Beiträgen von Gustav S(ahlqvist) Amundsen, B(irger) L(und) Gottwaldt, Joh(a)n Höver, Finn Malmgren, Hj(almar) Riiser-Larsen. Aus dem Englischen von Walter J(ohannes) Briggs, Leipzig–Zürich o. J. (1927) (zusammen mit Lincoln Ellsworth).

Mein Leben als Entdecker. Mit (...) einem Vorwort (in Wirklichkeit: Nachwort) von Franz (d. i. František) Běhounek. Aus dem Norwegischen von Georg Schwarz, Leipzig–Wien 1929.

4. Briefe

Die Briefe Roald Amundsens sind – abgesehen von Einzelstücken – bis heute nicht ediert. Statt dessen lagern sie zumeist unausgewertet in Privatbesitz sowie in den Beständen mehrerer Bibliotheken in und außerhalb Norwegens. Über die wohl größte Sammlung verfügt Universitetsbiblioteket i Oslo.

5. Sekundärliteratur

5.1. Gesamtdarstellungen

5.1.1. allgemein

Arnesen, Odd: Roald Amundsen som han var, Oslo 1929. Deutsche Ausgabe: Roald Amundsen, wie er war. Eine Schilderung seines Lebens. Aus dem Norwegischen von Emilie Stein, Stuttgart 1931 (= Abenteuer in aller Welt).

Calic, Edouard: Roald Amundsen. Der letzte Wikinger. Aus dem Französischen von Tor Halvorsen, Düsseldorf o. J. (1960); auch: Rostock 1961.

Delavaud, Louis: L'explorateur Roald Amundsen, Paris 1912.

Hanssen, Helmer: Voyages of a Modern Viking. Forword by Vice-Admiral E(dward) R(atcliffe) G(arth) R(ussel) Evans, London 1936; entspricht im großen und ganzen: Gjennom isbaksen. Atten år med Roald Amundsen, Oslo 1941 (^{2}1953).

Meissner, Hans-Otto: Mein Leben für die weiße Wildnis. Die Expeditionen des Roald Amundsen, Stuttgart 1982.

Partridge, Bellamy: Amundsen. The Splendid Norseman, New York 1929.

Peisson, Edouard: Roald Amundsen. Das seltsame Abenteuer seines Lebens (1952). Aus dem Französischen von Noa Kiepenheuer, Weimar 1953.

Turley, Charles: Roald Amundsen – Explorer, London 1935.

Weil, Ursula und Otto: Roald Amundsen. Ein Leben für die Polarforschung, Leipzig 1972.

Wisting, Oscar: 16 år med Roald Amundsen. Fra pol til pol, Oslo 1930.

Zapffe, Fritz G(ottlieb): Roald Amundsen. Mitt samarbeide med ham gjennem 25 år, Oslo 1935.

5.1.2. speziell für Jugendliche

Høidal, Sven: Roald Amundsen – verdens største polarforsker, o. O. (Oslo) 1947 (= Livet ble dåd 1).

Østby, Jan: Roald Amundsen – hans liv og ferder, Oslo 1939.

Steen, Hans: Roald Amundsen – Held der Arktis, Schloß Bleckede an der Elbe 1950 (= Meißners Jugendbücher 4).

5.2. Würdigungen

Arnesen, Odd: «En helt», in: Polar-Årboken 1938, S. 42–48.

Banse, Ewald: «Roald Amundsen (1872–1928)», in ders.: Große Forschungsreisende. Ein Buch von Abenteurern, Entdeckern und Gelehrten, München 1933, S. 276–284.

Eidem, Odd: «Hvem var Roald Amundsen? Tilfeldige refleksjoner omkring en selvbiografi», in: Magasinet 18/3 (1945), S. 3–6 und S. 22.

Finley, John H(uston): «Amundsen: supreme adventurer», in: The Geographical Review 19 (1929), S. 145–146.

Freitag, Michael: «Amundsen auf der Suche nach terra incognita», in: Frankfurter Allgemeine Magazin 408 vom 23. Dezember 1987, S. 32–39.

Hansen, Godfred: «Roald Amundsen», in: Dansk Geografisk Tidsskrift 31 (1928), S. 194–198.
Hedin, Sven: «Roald Amundsen», in ders.: Stormän och kungar I, Stockholm 1950, S. 375–386; gekürzt in ders.: Große Männer, denen ich begegnete I. Aus dem Schwedischen von Lothar Tobias, Wiesbaden 1951, S. 283–291.
Helland-Hansen, Bjørn: «Roald Amundsen», in: Naturen 52 (1928), S. 257–261.
Herrman, Ernst: «Amundsen», in: Der Norden 14 (1937), S. 420–426.
Leroi-Gourhan, André: «Roald Amundsen», in ders.: Les explorateurs célèbres, Genf 1947, S. 254–257.
Nansen, Fridtjof: «Roald Amundsen». Aus dem Norwegischen von Hildegard und Gerhard Wilpert, in: Reclams Universum 44/13 (1928), S. 317–320.
N. N.: «Amundsen. A bold explorer», in: The Times vom 4. September 1928.
N. N.: «Captain Roald Amundsen», in: The Geographical Journal 72 (1928), S. 397–399.
Ostermeyer, Jürgen: «Wo zweite Plätze Vergessenheit und Tod bedeuten. Roald Amundsen, norwegischer Polarforscher, seit fünfzig Jahren verschollen», in: Frankfurter Allgemeine Zeitung vom 24. Juni 1978.
Richter, Søren: «Roald Amundsen», in Thor Heyerdahl, Søren Richter und Hj(almar) Riiser-Larsen: Great Norwegian Expeditions, Oslo o. J. (1954), S. 113–172.
Rüdiger, Hermann: «Roald Amundsen (1872–1928)», in Geographische Zeitschrift 35 (1929), S. 1–5.
Saxe, Ludv(ig): «Roald Amundsen», in: Nordmands-Forbundet 21 (1928), S. 283–287.
Schmitz, Siegfried: «Roald Amundsen», in ders.: Große Entdecker und Forschungsreisende. Eine Geschichte der Weltentdeckung von der Antike bis zum 20. Jahrhundert in Biographien, Düsseldorf 1983 (= Hermes Handlexikon 10008), S. 25–29.
Skattum, Ole Jacob: «Amundsen, Roald Engelbregt Gravning», in: Norsk Biografisk Leksikon I, hg. von Edvard Bull, Anders Krogvig und Gerhard Gran, Kristiania 1923, S. 123–130.
Stahl, Lothar: «Entdecker, Forscher, Abenteurer. Zum 100. Geburtstag des norwegischen Polarforschers Roald Amundsen», in: Die Welt vom 14. Juli 1972.
Sverdrup, Harald U(lrik): «Minnetale over Roald Amundsen holdt i den mat.-naturv. klasses møte den 23de novbr. 1928», in: Det Norske Videnskaps-Akademi i Oslo Årbok 1928, S. 125–129.
–: «Roald Amundsen. Et efterord», in: Roald Amundsens opdagelsesreiser IV, Oslo ^{3}1942, S. 213–230.
–: «Roald Amundsen», in: Arctic 12 (1959), S. 221–236.

5.3. Untersuchungen

5.3.1. zur Antarktis-Expedition von 1897–1899 mit der «Belgica»

Arctowski, H(enryk): «Die wissenschaftlichen Leistungen der belgischen Südpolar-Expedition», in: Die Umschau 41 (1900), S. 901–903 und S. 923–926.
Bruce, William Spiers: «The Belgian Antarctic expedition», in: The Scottish Geographical Magazine 16 (1900), S. 296–299.

Dobrowolski, A(ntoni) B(olesław): «Le voyage du ‹Belgica› considéré du point de vue de l'histoire du pôle Sud», in: Académie Royale des Sciences, des Lettres et des Beaux Arts de Belgique. Bulletin de la Classe des Sciences V: 33 (1947), S. 453–462.

5.3.2. zur Nordwestpassage von 1903–1906 mit der «Gjöa»

bra.: «Die Sammlungen der ‹Gjöa›-Expedition», in: Beilage zur Allgemeinen Zeitung (München) vom 15. Februar 1907.

F. M.: «Die Nordwest- und die Nordostpassage. Zur jüngsten Reise Amundsens», in: Sonntagsbeilage zur Vossischen Zeitung vom 28. Oktober 1906.

Geelmuyden, Hans: Astronomy (= «Gjøa»-Expedition. The Scientific Results of the Norwegian Arctic Expedition in the «Gjøa» 1903–1906 I/2), Oslo 1932 (= Geofysiske Publikasjoner VI/2).

Graarud, Aage: Meteorology (= «Gjøa»-Expedition. The Scientific Results of the Norwegian Arctic Expedition in the «Gjøa» 1903–1906 I/3), Oslo 1932 (= Geofysiske Publikasjoner VI/3).

–, und Nils Russeltvedt: Die erdmagnetischen Beobachtungen der Gjöa-Expedition 1903–1906, Oslo 1925 (= Geofysiske Publikasjoner III/8).

Greely, A(dolphus) W(ashington): «Amundsen's expedition and the Northwest passage», in: The Century. Illustrated Monthly Magazine 73 (1906/1907), S. 625–632.

Hansen, Godfred: Den norske Gjøa-Ekspedition til den magnetiske Nordpol og gennem Nordvestpassagen 1903–1906, Kopenhagen 1912.

Hennig, R(ichard): «Amundsens Polarfahrt auf der Gjöa und ihre Bedeutung», in: Beilage zur Allgemeinen Zeitung (München) vom 9. November 1906.

Lampe, Felix: «Amundsens Polarfahrt auf der Gjöa», in: Die Umschau 10 (1906), S. 101–103.

Lindeman, Moritz: «Amundsens Nordwest-Passage», in: Geographische Zeitschrift 14 (1908), S. 39–44.

Nielsen, Yngvar: «Roald Amundsen og hans daad», in: Aftenposten/Morgennummer (Kristiania) vom 21. November 1906.

Ristvedt, Peder: «Minner fra ‹Gjøa›-ferden. En deltager forteller», in: Polarboken 1955, S. 21–46, und 1956, S. 137–146.

Russeltvedt, Nils, und Aage Graarud: Terrestrial Magnetism Photograms (= «Gjøa–Expedition. The Scientific Results of the Norwegian Arctic Expedition in the «Gjøa» 1903–1906 III), Oslo 1930 (= Geofysiske Publikasjoner VIII).

–: Scientific Work of the Expedition (= «Gjøa»-Expedition. The Scientific Results of the Norwegian Arctic Expedition in the «Gjøa» 1903–1906 I/1), Oslo 1932 (= Geofysiske Publikasjoner VI/1).

Steen, Aksel Severin, et alii: Terrestrial Magnetism (= «Gjøa»-Expedition. The Scientific Results of the Norwegian Expedition in the «Gjøa» 1903–1906 II), Oslo 1933 (= Geofysiske Publikasjoner VII).

5.3.3. zur Südpol-Expedition von 1910–1912 mit der «Fram»

Baschin, Otto: «Die Erreichung des Südpols durch Amundsen», in: Zeitschrift der Gesellschaft für Erdkunde zu Berlin 1912, S. 161–165.

Brown, R(obert) N(eal) Rudmose: «Amundsen's Antarctic explorations», in: The Scottish Geographical Magazine 28 (1912), S. 204–208.
Drygalski, Erich von: «Die Südpolfahrt Roald Amundsens», in: Süddeutsche Monatshefte 9/2 (1912), S. 71–73.
Hanssen, Helmer: «Minner fra sydpolsturen», in: Polar-Årboken 1941, S. 13–19.
Hinks, Arthur R(obert): «The observations of Amundsen and Scott at the South Pole», in: The Geographical Journal 103 (1944), S. 160–180.
Hobbs, William Herbert: «Amundsen's south polar book», in: Bulletin of the American Geographical Society 44 (1912), S. 903–908.
«James»: «Roald Amundsen og Framfærden. Et interview av lederen. Han fortæller om den forestaaende færd», in: Norsk Idrættsblad, julehefte 1909, S. 1–6.
Mohn, H(enrik): Meteorology (= Roald Amundsen's Antarctic Expedition. Scientific Results), Kristiania 1915 (= Videnskaps-Selskabets Skrifter. I. Mathematisk-Naturvidenskabelig Klasse 1915. No. 5).
–: Der Luftdruck zu Framheim und seine tägliche Periode (= Roald Amundsens antarktische Expedition. Wissenschaftliche Ergebnisse), Kristiania 1916 (= Videnskaps-Selskabets Skrifter. I. Mathematisk-Naturvidenskabelig Klasse 1916. No. 3).
–: «Roald Amundsens sydpolsfærd og dens videnskabelige resultater», in: Naturen 40 (1916), S. 65–81 und S. 97–112.
Nansen, Fridtjof: «Roald Amundsens ferd (1912)», in ders.: Nansens røst. Artikler og taler II, Oslo 1945, S. 420–426.
N. N.: «Antarctic exploration. Arrival of the Fram. Captain Amundsen's reticence. Won't talk about South Pole», in: The Mercury (Hobart/Tasmanien) vom 8. März 1912.
N. N.: «Sydpolen naaet!», in: Aftenposten/Morgennumer (Kristiania) vom 9. März 1912.
Nordenskjöld, Otto: «Amundsens och Scotts färder till sydpolen», in: Ymer 32 (1912), S. 125–138.
Penck, Albrecht: «Die Eroberung des Südpols», in: Zeitschrift der Gesellschaft für Erdkunde zu Berlin 1913, S. 218–224.
Singer, H(ermann): «Amundsen am Südpol», in: Deutsche Geographische Blätter 34 (1911), S. 20–28.
Skattum, O(le) J(acob): «Roald Amundsens norske sydpolfærd med ‹Fram›», in ders.: Sydpol-forskning. En utsigt over dens utvikling gjennem tiderne, Kristiania 1912 (= Sonderdruck aus Det Norske Geografiske Selskabs Aarbok 1910–1911), S. 87–109.

5.3.4. zur Arktis-Expedition von 1918–1920 mit der «Maud»

Breitfuss, Leonid: «Roald Amundsens ‹Maud›-Expedition zum Nordpol, ihr Verlauf und Abschluß», in: Zeitschrift der Gesellschaft für Erdkunde zu Berlin 1925, S. 129–133.
Hesselberg, Theodor: On the Projected Cooperation with Roald Amundsen's North Polar Expedition (= Norway. Geofysiske Kommission. Various Papers on the Projected Cooperation with Roald Amundsen's North Polar Expedition), Kristiania 1920 (= Geofysiske Publikasjoner I/4:1).
Holtermann, Carl: «Amundsens Nordpolexpedition», in: Die Woche 23 (1921), S. 26–29.

Knudsen, Einar: «Roald Amundsens Polarexpedition mit der ‹Maud›», in: Geographische Zeitschrift 32 (1926), S. 297–298.
Krogness, Ole Andreas: The Importance of Obtaining Magnetic Registrations from a Comparatively Close Net of Stations in the Polar Regions (= Norway. Geofysiske Kommission. Various Papers on the Projected Cooperation with Roald Amundsen's North Polar Expedition), Kristiania 1920 (= Geofysiske Publikasjoner I/4:3).
Rabot, Charles: «La troisième campagne d'Amundsen dans l'océan glacial», in: La Nature. Revue des Sciences et de Leurs Applications à l'Art et à l'Industrie III:15 (1921), S. 62.
Sverdrup, H(arald) U(lrik): «Maud-ekspeditionen 1918–1925», in: Ymer 46 (1926), S. 1–18.

5.3.5. zur Arktis-Expedition von 1922–1923 mit der «W 34»

Hammer, Haakon H.: «Amundsens Vorbereitungen zum Flug über den Nordpol», in: Erstes Beiblatt zum Berliner Tageblatt vom 31. Mai 1923.
–: «Die Gefahren des Amundsenschen Nordpolflugs», in: Erstes Beiblatt zum Berliner Tageblatt vom 2. Juni 1923.
Lund, Reidar: «Med Roald Amundsen i Alaska 1921 (muß heißen: 1922)», in: Polarboken 1954, S. 9–22.

5.3.6. zur Arktis-Expedition von 1925 mit der «N 24» und «N 25»

Breitfuss, Leonid: «Was hat Amundsen erreicht? Der Wert des Polarfluges. Rückblick und Ausblick», in: Erste Beilage zur Vossischen Zeitung vom 21. Juni 1925.
–: «Amundsens Polflug und seine Bedeutung für die Forschung», in: Weser-Zeitung (Bremen) vom 24. Juni 1925.
Ellsworth, Lincoln: «The Amundsen-Ellsworth Polar Flight», in: The Geographical Review 15 (1925), S. 309.
E. P.: «Amundsens Polflug. Aus dem Tagebuch Dietrichsohns», in: Münchner Neueste Nachrichten vom 28. Juni 1925.
Hammer, Haakon H.: «Amundsens Verzicht auf den Nordpolflug», in: Erstes Beiblatt zum Berliner Tageblatt vom 30. Juli 1924.
N. N.: «Roald Amundsen mangler endnu den nødvendige kapital til polflyvningen», in: Morgenbladet (Kristiania) vom 25. Juni 1924.

5.3.7. zur Nordpol-Expedition von 1926 mit der «Norge»

Hedin, Sven: «Die Bedeutung von Amundsens Polflug», in: Reclams Universum 42/41 (1926), S. 1061–1063.
Mäcken, Lutz: Der Flug zum Pol, Stuttgart o. J. (1925).
Malmgren, Finn, und František Běhounek: «Mésures de la conductibilité électrique de l'atmosphère dans la région du Pôle Nord», in: Comptes rendus de l'Académie des Sciences 184 (1927), S. 1186.
Ramm, Fredrik: «First message ever received from the North Pole», in: The New York Times vom 12. und 13. Mai 1926.

Celsus: «Amundsen und Nobile», in: Die Weltbühne 24 (1928), S. 957–958.
Meyer, Willy: «Amundsen und Nobile», in: Die Weltbühne 25 (1929), S. 355–359.
N. N.: «En ishavets tragedie. Hvor er Roald Amundsen?», in: Nordmands-Forbundet 21 (1928), S. 193–197.

6. Sonstiges

6.1. in Büchern

Aas, Ingebret: Roald Amundsens stamfedre. Den gamle skipperslekt på Hvaler, Kåre-Hornes og Vesten, Sarpsborg 1941.
Die Amundsen-Photographien. Expeditionen ins ewige Eis, hg. von Roland Huntford (1987). Aus dem Englischen von Jürgen Abel, Braunschweig 1989.
Arnesen, Odd: «Norge»-færden bak kulissene, Oslo 1926.
–: «Fram» – hele Norges skute, Oslo 1942.
Cook, Frederick A(lbert): Die erste Südpolarnacht 1898–1899. Bericht über die Entdeckungsreise der «Belgica» in der Südpolarregion (1900). Aus dem Amerikanischen von A(nton) Weber, Kempten 1903.
Ellsworth, Lincoln: Beyond Horizons, London–Toronto 1938.
L'Expédition de l'Hydravion «Latham 47». Redigée par le Comité à l'intention des familles et des amis des membres de l'équipage, français et norvégiens, Paris 1931.
Gerlache, Adrien de: Voyage de la Belgica. Quinze mois dans l'Antarctique, Brüssel 1902.
Hanssen, Olaf: Minnekvede um Roald Amundsen, Oslo 1942 (= Sonderdruck aus: Polar-Årboken 1942).
Henriksen, Bredo: Polarfareren Hjalmar Johansen og Skien. Et minneskrift, Skien 1961.
Herrmann, Ernst: Wikinger unserer Zeit. Nansen – Amundsen – Sven Hedin, Berlin 1937.
Heuer, Hans: Kämpfer im Eis! Ein Amundsen-Roman, Berlin 1936.
Hoenerssen, G(ustav) A(dolf) (das ist: Gustav Adolf Geissenhoener): Neue Erkenntnisse. Amundsens mißglückter Flug 1925 und Das Geheimnis des Nordpols, Obermenzing–München 1925.
Holt, Kåre: Scott/Amundsen. Wettlauf zum Pol (1974). Aus dem Norwegischen von Monika Hack, Wien–Hamburg 1976.
Hovdenak, Gunnar: Roald Amundsens siste ferd. Med et tillegg om Krassin-ferden av Adolf Hoel, Oslo 1934.
Huntford, Roland: Scott und Amundsen. Dramatischer Wettlauf zum Südpol (1979). Aus dem Englischen von Arnold Loos, München 1984 (= Goldmann Sachbuch 11372).
Im Flugzeug dem Nordpol entgegen. Junkers'sche Hilfsexpedition für Amundsen nach Spitzbergen 1923, hg. von Walter Mittelholzer. Mit Beiträgen von Kurt Wegener, A(dolf) Miethe und (Jo)H(ann Maria) Boykow, Zürich 1924.

Jensen, Christian: The Polar Ship «Maud». Brief History of Building and Description, Bergen 1933 (= The Norwegian North Polar Expedition with the «Maud» 1918–1925. Scientific Results I: 2).

Lecointe, Georges: Im Reiche der Pinguine. Schilderungen von der Fahrt der «Belgica» (1904). Aus dem Französischen von Wilhelm Weismann, Halle an der Saale 1904.

Nansen, Fridtjof: Northern Waters. Captain Roald Amundsen's Oceanographic Observations in the Arctic Seas in 1901, Kristiania 1906 (= Videnskaps-Selskabets Skrifter. I. Mathematisk-Naturvidenskabelig Klasse 1906. No. 3).

Nerhus, Hans: «Gjøa» – vår verdskjente minneskute, Oslo 1980.

Nobile, Umberto: In volo alla conquista del segreto polare. (Da Roma a Teller attraverso il Polo Nord), Mailand 1928.

Ravnsborg-Gjertsen Jr., Per: Mail from the Roald Amundsen Explorations with Airplanes and Airships 1922–1928, Trondheim und Erpel 1970.

Riiser-Larsen, Hj(almar): Femti år for Kongen, Oslo 1957.

Sannes, Tor Borch: Die Fram. Abenteuer Polarexpedition (1989). Aus dem Norwegischen von Ursula Gunsilius, Hamburg 1987 (= Hoffmann und Campe maritim).

Scott, Kapitän (Robert Falcon): Letzte Fahrt I–II (1913). Aus dem Englischen von N. N., Leipzig 1913.

Veel, Haakon Anker: Roald Amundsen. Slekt og miljø, Halden 1962.

6.2. in Aufsätzen

Arnesen, Odd: «Roald Amundsen som brevskriver», in: Tønsbergs Blad vom 17. Januar 1931.

Björnson, Björn: «Nansen und Amundsen», in: Die Woche 11/14 (1909), S. 587–590.

Gamillscheg, Hannes: «In einer Trockenmilchkiste lag Amundsens Fotoschatz», in: Frankfurter Rundschau vom 10. Mai 1986.

Grassmann, Paul: «Wikingertragödie. Letzte Begegung mit Amundsen», in: Die Woche 32 (1930), S. 1090.

N. N.: «Außerordentliche Sitzung zur Begrüßung von Herrn Roald Amundsen am 9. Oktober 1912», in: Zeitschrift der Gesellschaft für Erdkunde zu Berlin 1912, S. 637–640.

N. N.: «Unterredung mit Amundsen», in: Münchner Neueste Nachrichten vom 5. Juli 1925.

Nordahl-Olsen, Johan: «Roald Amundsen. Et interview», in: Annonce Tidende (Bergen) vom 21. Juni 1909.

Oberhummer, Eugen: «Was ist uns Amundsen? Erreichtes und Geplantes», in: Unterhaltungsblatt der Vossischen Zeitung vom 17. September 1925.

Pedersen, A(nders) B.: «60 years later. Amundsen's boat goes home», in: International Herald Tribune vom 4. Juli 1972.

Skattum, O(le) J(acob): «Roald Amundsen som geografisk opdager. Med en oversikt over hans polarferder», in: Norsk Geografisk Tidsskrift 2 (1928/1929), S. 147–175.

Vik, Sigurd: Roald Amundsens Minne – en ideskisse, Sellebakk 1990 (= maschinenschriftlicher Entwurf der Gemeinde Borge).

Namenregister

Die kursiv gesetzten Zahlen bezeichnen die Abbildungen

Adams, Jameson Boyd 49
Alexandra, Königin von Großbritannien und Irland 44
Amundsen, Amund 10
Amundsen, Amunda Kristine 10, 14
Amundsen, Anne Helene 10
Amundsen, Carl 10
Amundsen, Gustav 15
Amundsen, Gustava Sahlqvist 10
Amundsen, Hanna Henrikke Gustava 10, 12–18, *13*
Amundsen, Jens Engebreth 10–15, *12*
Amundsen, Jens Ole Antonius (Tony) 10, 13, 15
Amundsen, Johannes 10
Amundsen, Leon Henry Benham 15, 20, 23, 51, 83, 110
Amundsen, Ole 10
Amundsen, Petter Christian 10
Anderssen, Otto 16 f.
Andrée, Salomon August 94 f.
Arnesen, Odd 8, 107, 111
Atangala (Eskimo) 30

Baffin, William 25
Balto, Samuel 32
Barents, Willem 90 f., 94
Barrie, James Matthew 64
Barrington, Daines 92
Běhounek, František 116
Bennett, Floyd 102
Bering, Vitus Jonassen 92, 97
Bjaaland, Olav (auch: Olaf) 7, 59
Björnson, Björnstjerne 11
Blériot, Louis 69
Bonaparte, Prinz Roland Napoléon 68
Borchgrevink, Carsten Eggeberg 38 ff., 48, 54, *38*
Bouvet, Jean-Baptiste Charles 34
Bowers, Henry Robertson 62 f.
Brockhaus, Friedrich Arnold 42
Bruce, William Speirs 40
Buchan, David 25
Byrd, Richard Evelyn 102 f., 116

Cabot, Sebastian 25
Cagni, Umberto 97
Campbell, Victor Lindsay Arbuthnot 55 f.
Carlsen, Elling 91
Cartier, Jacques 25
Castberg, Leif 47
Castberg, Sigrid 47, 69
Charcot, Jean Baptiste 40
Christophersen, Peter 52, 64, 106, *66*
Coleridge, Samuel Taylor 37
Collinson, Richard 31
Cook, Frederick Albert 22 f., 48, 96 ff., 103
Cook, James 24, 34 f., 37, 51 f.
Curzon of Kedleston, George Nathaniel, Lord 68, 110, 113

Danco, Emile 22
Dass, Petter 89, 97
De Long, Georg Washington 93
Dietrichson, Leif 85, 120
Ditlev-Simonsen, Olaf 28
Dostojewskij, Fjodor M. 42
Drygalski, Erich von 40, 46, 108, *46*

Eckener, Hugo 100
Eco, Umberto 7

Egede, Hans 91
Eidem, Odd 124
Eielson, Carl 115
Ellsworth, James William 84, 99, 111
Ellsworth, Lincoln 84f., 87, 99 – 103, 105, 111 – 114, 124, *84*
Engebretsen, Kirstine Larsdatter Schoug 9
Evans, Edgar 62
Ewers, Hanns Heinz 100

Farman, Henri 69
Farman, Maurice 69
Feucht, Karl 85
Feuchtwanger, Lion 7
Finé, Oronce 34
Foyn, Svend 38
Franklin, John 16f., 25, 28, 37, 116, *26*
Frobisher, Martin 25

Gade, Fredrik Herman 80, 106
Geheeb, Reinhold 42
Gerlache, Adrien de 21ff., 39, 110, *20*
Giudici, Davide 120
Gottwald, Birger *104*
Graarud, Aage 98
Gran, Tryggve 56, 118
Greely, Adolphus Washington 93
Guilbaud, René 119

HaakonVII., König von Norwegen 47, 51, 87, 105, *50, 72, 104*
Haffner, Wolfgang Wenzel 15
Hammer, Haakon H. 83
Hamsun, Knut 107
Hanssen, Helmer 29, 59, 61, 66, 72, 76f.
Hassel, Sverre 59
Hedin, Sven 106
Heemskerck, Jacob van 90
Heinrich, Prinz von Preußen 124
Helland-Hansen, Björn 44
Hessen, Robert 42
Hitler, Adolf 100
Holst, Vilhelm *19*
Homer 43
Hudson, Henry 25, 91f.
Huntford, Roland 8, 41
Huser, Niels, s. u. Michelsön, Niels

Ibsen, Henrik 115
Isachsen, Gunnar 118

Jackson, Frederick George 18
Jæger, Hans 15
Jensen, Christian 71
Johannessen, Ole 9
Johansen, Hjalmar 56f., 64, 68, 94, 110, *58*

Kant, Immanuel 93
Karge, Manfred 7
Katfjord, Peder Hansen 56f., 122
Kerguelen, Yves Joseph de 35
Klaiber, Pauline 42
Knudsen, Paul 74
Kolumbus, Christoph 25, 34, 90

Lagerlöf, Selma 42
Langård, Conrad 115
Langen, Albert 42f.
Lindström, Adolf Henrik 56f., 59
Livingstone, David 31
Luigi Amedeo, Herzog der Abruzzen 97
Lund, Reidar 81f.
Lundborg, Einar 119
Lundegård, Claes 87
Lützow-Holm, Finn 118

Malmgren, Finn 112, 116
Markham, Albert Hastings 93
Markham, Clements 40
Marx, Karl 70
Maud, Königin von Norwegen 44, *50, 72, 104*
Mawson, Douglas 48
McClure, Robert John Le Mesurier 25
McKenna, James 31
Meissner, Hans-Otto 24, 30, 61, 78, 82, 121
Menenius Agrippa 44
Mercator, Gerhard 34
Michelsön, Niels 9, 12
Mill, Hugh Robert 113f.
Mohn, Henrik 70
Mowinckel, Johan Ludwig 118

Nansen, Fridtjof 17, 27, 30ff., 40, 42ff., 47, 51ff., 57f., 64, 67ff., 87, 90, 93, 94f., 97, 107f., 110, 114, 118, *44, 94*
Neumayer, Georg von 27, 37f., 108
Newnes, George 39
Nielsen, Hans 9
Nielsen, Johannes 9

Nilsen, Thorvald 54, 64, 67, 69
Nobile, Umberto 8, 101 f., 110–113, 116, 118 f., 121 f., *104*, *113*
Nordenskiöld, Adolf Erik 72, 76
Nordenskjöld, Otto 40

Oates, Lawrence Edward Grace 62
Olaf Tryggvissohn, König von Norwegen 125
Olav V., König von Norwegen *72*
Olonkin, Gennadij 72, 76 f., 102
Olsen, Amund 9 f.
Olsen, Ole 9
Omdal, Oscar 80 ff., 85, 102, 105
Ortelius, Abraham 34
Oscar II., König von Schweden (und Norwegen) 15

Parry, William Edward 25, 93
Payer, Julius Ritter von 93
Peary, Robert Edwin 46, 48, 51, 96 ff., 103
Penck, Albrecht 67
Peterson, Fredrik 118
Poe, Edgar Allan 37
Prestrud, Kristian 56
Pytheas 89

Ramm, Fredrik 103
Rasmussen, Wilhelm 58
Reissiger, Friedrich August 11
Remick, Jerome H. 80
Riiser-Larsen, Hjalmar 85 f., 99 f., 102 f., 106, 109, 116, 118, *86*, *104*
Ristvedt, Peder 29, 32
Rogstad, Anna 66
Rönne, Martin 72, 76 f.
Ross, James Clark 26, 28, 36 ff., 40
Ross, John 25
Russeltvedt, Nils 98

Sahlqvist, Gustav 12
Sahlqvist, Gustavus 12
Sahlqvist, Hanna Henrikke Gustava, s. u. Amundsen, Hanna Henrikke Gustava
Saxe, Ludvig 124
Schiller, Friedrich 93
Schulz, Wilhelm 43
Scott, Robert Falcon 40 f., 48 f., 51, 53–56, 58, 61 ff., 68, 83, 102, 118, *56*
Sem-Jacobsen, Einar Olaf *70*
Shackleton, Ernest Henry 40, 48 f., 54, 60
Singer, Hermann 70
Sparre, Christian 33
Stresemann, Gustav 101
Stresemann, Käthe 101
Stubberud, Jörgen 55
Sundbeck, Knut 72, 76 f.
Sundman, Per Olof 95
Sverdrup, Harald Ulrik 75, 77, *75*
Sverdrup, Otto 118

Talurnakto (Eskimo) 30
Tasman, Abel Janszoon 34
Taylor, Thomas Griffith 116
Tegnér, Esaias 19, 92, 94
Tennyson, Alfred 43
Tessem, Peter 74, *72*, *74*
Thoma, Ludwig 42
Thommessen, Rolf 110, 113
Tonnich (Eskimo) 30
Tönnesen, Emanuel 74, 76
Tutti-Sale, Mary, alias «Tutsy» 77

Urdahl, Laurentius *19*

Verne, Jules 8, 24, 36, 38
Vespucci, Amerigo 34

Weddell, James 37
Weil, Otto 70
Weil, Ursula 70
Werenskiold, Erik 94
Wessel, Horst 100
Weyprecht, Karl 93
Wied, Victor Wilhelm Prinz zu 71
Wiencke, August 22
Wiik, Gustaf Joel 32
Wilhelm II., deutscher Kaiser 42, 124
Wilkins, George Hubert 115
Wilson, Edward Adrian 40, 62
Wisting, Oscar 50, 59, 67, 72 f., 76 f., 80 ff., 101 ff., 108, 115 f., 118, *104*
Worm-Müller, Jacob Stenersen 115
Wrangel, Ferdinand Petrowitsch Baron von 93

Zapffe, Fritz Gottlieb 85, 119
Zeppelin, Ferdinand Graf von 99
Zweig, Stefan 7

Danksagung

Wer aus der örtlichen und zeitlichen Ferne dem Lebensweg Roald Amundsens nachforscht, ist auf Führer und Auskunftgeber angewiesen.

Die meinen waren Edgar Barsjø (Vestby); Madleen Blaurock (Göttingen); Gerhard Busch, Foto-Club Birstein (Birstein); Richard J. Chesser, The British Library (London); Dr. Karl Corino, Hessischer Rundfunk (Frankfurt am Main); Hartmut Danelsberg (Tromsø); Randi Eriksen, Roald Amundsens hjem «Uranienborg» (Svartskog); Dr. Diedrich Fritzsche, Zentralinstitut für Physik der Erde (Potsdam); Sigbjørn Grindheim, Universitetsbiblioteket (Oslo); M. Hamington, The British Library (London); Irene Hansen, Canberra Institute of the Arts (Canberra); Professor Dr. Gotthilf Hempel, Alfred-Wegener-Institut für Polar- und Meeresforschung (Bremerhaven); Dr. Dieter Hildebrandt (Berlin-Charlottenburg); Harald Hoff, Universitetsbiblioteket (Oslo); Dipl. Ing. Hans Holzer, Deutsches Museum (München); Wolfgang Jurk, Radio Bremen (Bremen); Josef Kempf, Stadt- und Universitätsbibliothek (Frankfurt am Main); Klaus Krüger, Westdeutsche Landesbank (Buenos Aires); Professor Dr. Hans Kuhn, Australian National University (Canberra); Dr. Beatrice LaFarge, Institut für Skandinavistik (Frankfurt am Main); Anne Lømo, Gyldendal Norsk Forlag (Oslo); Ellen Mosebach-Tegtmeier, Stadtarchiv (Wilhelmshaven); Dr. Uwe Naumann, Rowohlt Verlag (Reinbek); Prue Neidorf, National Library of Australia (Canberra); Birgitte Ørneborg, Det kongelige Bibliotek (Kopenhagen); Arne Pedersen, Norsk Filminstitutt (Oslo); Dieter Römer, Frankfurter Allgemeine Zeitung (Frankfurt am Main); Dr. Klaus Rossenbeck, Universität Lund (Lund); Monika Stutzball-Michelsen, Bundesamt für Seeschiffahrt und Hydrographie (Hamburg); Eleni Tavopoulos, Stadt- und Universitätsbibliothek (Frankfurt am Main); Beate Volkenrath, Institut für Zeitungsforschung (Dortmund); Andrea Wölbing, Stadt- und Universitätsbibliothek (Frankfurt am Main).

Sie alle haben geholfen, die Ausrüstung für mein Unternehmen zu beschaffen. Deshalb danke ich ihnen – zumal es mir beim Rückblick auf die Vorbereitung dieses Buches geht wie Roald Amundsen, als er sich der Monate und Jahre besann, da er das Material für seine «Gjöa»-Fahrt zusammentrug: *Ich habe viele lichte und gute Erinnerungen an jene Zeit…*

Über den Autor

Detlef Brennecke, geboren 1944, wuchs in Berlin-Charlottenburg auf. Nach dem Besuch des humanistischen Gymnasiums studierte er in Frankfurt am Main Skandinavistik, Germanistik und Anglistik. 1972 wurde er zum Dr. phil. promoviert, 1977 zum Dozenten für Skandinavistik berufen und 1980 zum Professor ernannt. Heute lebt er als Kritiker und Sachbuchautor in Birstein im Vogelsberg. Zuletzt erschienen von ihm: «Sven Hedin» (Reinbek 1986; Stockholm 1987), «Emil Stumpp – ein Zeichner seiner Zeit» (Bonn-Bad Godesberg 1988), «Von Strindberg bis Lars Gustafsson» (Frankfurt am Main 1989), «Fridtjof Nansen» (Reinbek 1990) und «Von Tegnér bis Tranströmer» (Frankfurt am Main 1991). 1988 wurde er von der Schwedischen Akademie mit dem Übersetzerpreis der Stiftung «Natur und Kultur» ausgezeichnet.

Quellennachweis der Abbildungen

Aus: B. Partridge: Amundsen. The Splendid Norseman. New York 1929: 2
Aus: J. Østby: Roald Amundsen. Oslo 1939: 6, 19 unten, 59, 86 oben
Aus: H. A. Veel: Roald Amundsen. Halden 1962: 11, 12, 13, 14, 117, 125
Aus: O. Arnesen: Roald Amundsen som han var. Oslo 1929: 16, 70, 88, 109, 111, 123
Aus: Snø og Ski 60, 1954: 19 oben
Aus: A. de Gerlache: Voyage de la Belgica. Brüssel 1902: 20, 21, 23
Aus: H.-O. Meissner: Mein Leben für die weiße Wildnis. Stuttgart 1982: 24, 30/31, 61, 78, 121
Aus: O. Beattie – J. Geiger: Der eisige Schlaf. Köln ²1989: 26
Aus: Atlas zur Zeitschrift für Bauwesen 44, 1894: 27
Aus: R. Amundsen: Die Nordwest-Passage. München 1908: 29, 31, 43
Aus: The Geographical Journal 29, 1907: 33, 41, 1913: 63 oben und 128, 1962: 56
Aus: H. H. Houben: Sturm auf den Südpol. Berlin 1934: 35, 40
Aus: R. Amundsen: Die Eroberung des Südpols. Bd. I. München 1912: 36, 57
Aus: C. Borchgrevink: Das Festland am Südpol. Breslau 1905: 38, 39
Aus: Die Woche 11/14, 1909: 45
Aus: O. J. Skattum: Sydpol-forskning. Kristiania 1912: 46
Aus: E. H. Shackleton: 21 Meilen vom Südpol. Bd I. Berlin o. J.: 49
Aus: T. B. Sannes: Die Fram. Hamburg 1987: 50
Universitetsbiblioteket, Oslo: 53, 60
Aus: L. Nansen-Höyer: Mein Vater Fridtjof Nansen. Wiesbaden 1957: 54
Aus: The Norwegian with Scott. London 1984: 55
Aus: B. Henriksen: Polarfareren Hjalmar Johansen og Skien. Skien 1961: 58
Aus: Kapitän Scott. Letzte Fahrt. Bd. I. Leipzig 1913: 63 unten
National Library of Australia, Canberra: 65
Biblioteca del Congreso de la Nación Argentina, Buenos Aires: 66
Aus: The Scottish Geographical Magazine 29, 1913: 67
Aus: H. Hanssen: Gjennom isbaksen. Oslo ²1953: 71
Aus: R. Amundsen: Nordostpassagen. Kristiania 1921: 72, 74
Aus: O. Wisting: 16 år med Roald Amundsen. Oslo 1930: 75, 81, 99
Aus: H. U. Sverdrup: Tre aar i isen med «Maud». Oslo 1926: 77
Aus: L. Ellsworth: Beyond Horizons. London–Toronto 1938: 84
Aus: R. Amundsen et alii: Die Jagd nach dem Nordpol. Berlin o. J.: 86 unten
Aus: O. Arnesen: «Norge»-færden bak kulissene. Oslo 1926: 87
Aus: H. H. Houben: Der Ruf des Nordens. Berlin 1927: 91
Aus. J. Payer: Die österreichisch-ungarische Nordpol-Expedition in den Jahren 1872–1874. Wien 1876: 93
Aus: F. Nansen: Fram over Polhavet. Bd. II. Kristiania 1897: 94
Aus: S. A. Andrée: Dem Pol entgegen. Leipzig 1930: 95
Aus: J. Verne: Abenteuer des Kapitän Hatteras. Bd. II. Wien–Pest–Leipzig ⁵o. J.: 96
Aus: R. Amundsen–L. Ellsworth: Den første flukt over Polhavet. Oslo 1926: 103, 104, 105
Aus: P. Ravnsborg–Gjertsen jr.: Mail from the Roald Amundsen Explorations etc. Trondheim–Erpel 1970: 106
Aus: H. Straub: Nobile, der Pol-Pionier. Zürich 1985: 113
Normanns Kunstforlag A/S, Oslo: 114
Aus: D. Giudici: The Tragedy of the Italia. New York 1929: 119
Aus: G. Hovdenak: Roald Amundsens siste ferd. Oslo 1934: 120
Institut für Zeitungsforschung, Dortmund: 143